Schnittpunkt 8

Mathematik
Rheinland-Pfalz

Arbeitsheft

herausgegeben von Matthias Dorn

erarbeitet von
Matthias Dorn, Petra Hillebrand, Klaus-Peter Jungmann, Karen Kaps,
Tanja Sawatzki, Uwe Schumacher, Colette Simon

Ernst Klett Verlag
Stuttgart · Leipzig

Liebe Schülerinnen und Schüler,

auf dieser Seite stellen wir euch euer Arbeitsheft für die 8. Klasse vor.

Die Kapitel und das Lösungsheft

In den einzelnen Kapiteln des Arbeitshefts werden alle Themen aus eurem Mathematikunterricht behandelt. Wir haben versucht, viele interessante und abwechslungsreiche Aufgaben zusammenzustellen, die euch beim Lernen weiterhelfen werden.

Alle Lösungen zu den Aufgaben stehen im Lösungsheft, das in der Mitte eingeheftet ist und leicht herausgetrennt werden kann.

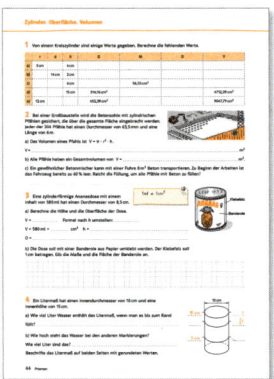

Übungsblätter

Zu allen wichtigen Bereichen der 8. Klasse findet ihr hier viele verschiedene Übungen. Damit ihr seht, wie eine Aufgabe gemeint ist, haben wir an einigen Stellen schon einen Aufgabenteil gelöst (orange Schreibschrift). Eure Antworten schreibt ihr auf die vorgegebenen Linien _____ oder in die farbigen Kästchen ▢. Manchmal braucht ihr einen Zettel für Nebenrechnungen.

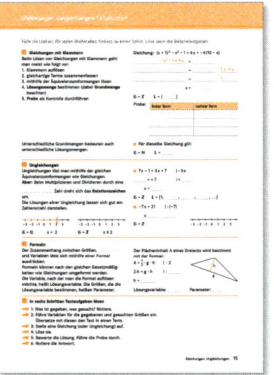

Merkzettel befinden sich am Ende von jedem Kapitel. Dort stehen alle wichtigen Regeln und Begriffe, die das Kapitel enthält. Damit ihr euch diese Begriffe leichter und auch dauerhaft merken könnt, sollt ihr auch diese Blätter selbst bearbeiten und lösen.

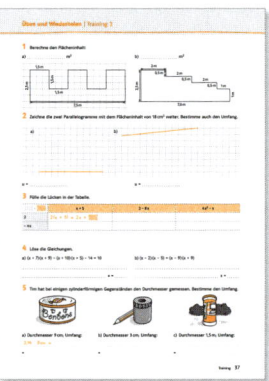

Training: Üben und Wiederholen. Die drei Trainingseinheiten im Heft wiederholen den neuen und auch den schon etwas älteren Stoff. Hier findet ihr Aufgaben zu allen davor liegenden Kapiteln.
Tipp: Schlagt in den Merkzetteln der vorigen Kapitel nach, wenn ihr auf ein Problem stoßt.

Der Wissensspeicher und das Register

Wisst ihr nicht, was ein Begriff bedeutet? Oder sucht ihr Übungen zu einem bestimmten Thema? Hier hilft das Register auf der letzten Seite. Alle mathematischen Begriffe der 8. Klasse könnt ihr dort nachschlagen. Von dort werdet ihr auf die Seite verwiesen, auf der ihr eine Erklärung des Begriffs findet.
Probiert es am besten gleich aus: Auf welcher Seite wird „Lösungsmenge" erklärt? _____

Wahrscheinlichkeit eines Ereignisses?

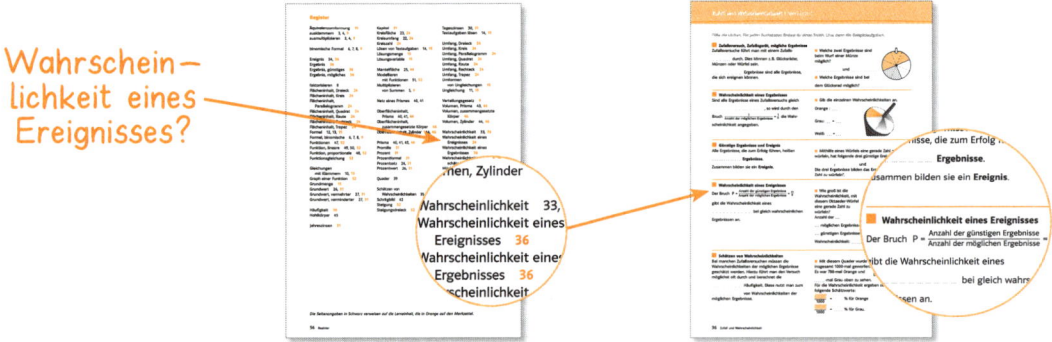

Nun kann es losgehen. Wir wünschen euch viel Spaß und Erfolg beim Lösen der Aufgaben.

Euer Autorenteam

Ausmultiplizieren. Ausklammern (1)

1 Stelle für die Gesamtfläche der Figuren zwei Terme auf. Trage zuerst in jede Fläche der Zeichnung ihren Flächeninhalt ein.

a)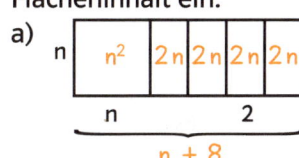

Produkt: $A = n(n + 8)$

Summe: $A = n^2 + 8n$

b)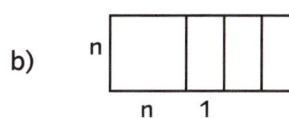

Produkt: _____

Summe: _____

c)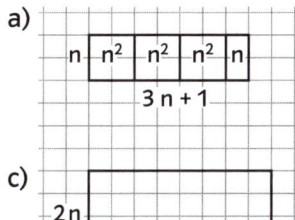

Produkt: _____

Summe: _____

d)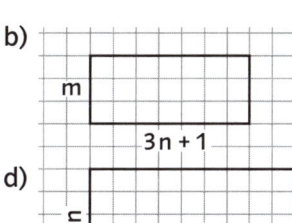

Produkt: _____

Summe: _____

2 Bestimme die Fläche (Produkt). Multipliziere dann aus, zerlege die Figur also in entsprechende Streifen und Quadrate.

a)

Produkt: $n(3n + 1)$

Summe: $3n^2 + n$

b)

Produkt: _____

Summe: _____

c)

Produkt: _____

Summe: _____

d)

Produkt: _____

Summe: _____

3 Ordne jedem Produkt die entsprechende Summe zu.

$2(x - 6)$

$2y(x - 1,7)$

$2x(2x - 1)$

$4x(1 - y)$

$4x^2(0,5 - y)$

$x^2(2 - y)$

$4x - 4xy$

$2x - 12$

$2x^2 - 4x^2y$

$2xy - 3,4y$

$4x^2 - 2x$

$2x^2 - x^2y$

4 Schreibe als Summe.

a) $6(x + 3y) = $ _____

b) $7x(2x + 3y) = $ _____

c) $1,5(3 - 4xa) = $ _____

d) $(7x + $ _____$) \cdot (-x) = $ _____ $ - 3xy$

e) $(8x + 4) : 2 = $ _____

f) $($ _____ $- 6) : (-2) = -a + $ _____

g) $(-16y - 4y^2) : 4y = $ _____

h) $($ _____ 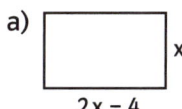 _____$) : 2 = x - 6y$

5 Stelle für die Flächeninhalte einen Summenterm auf.

a)

$A = $ _____

$= $ _____

b)

$A = $ _____

$= $ _____

$= $ _____

1 Jenny hat vergessen, Klammern zu setzen. Verbessere.

a) $2 \cdot 7x + 4 = 14x + 8$

b) $3xy - 12x^2 = 3x \cdot y - 4x$

c) $-5 \cdot 5 \cdot xy + 4 \cdot x = -25 \cdot xy - 20 \cdot x$

d) $2xy^2z - 2xy \cdot 3x = 6x^2y^2 \cdot z - 6x^2y$

e) $21x^3y - 12x^2y^2 + 9x^2yz = 7x^2y - 4xy^2 + 3xyz \cdot 3x$

2 Klammere den angegebenen Faktor aus. Das Gesetz, das du hier anwendest, heißt

_____ .

Faktor	Term	Ergebnis
4	$4x - 8$	$4(x - 2)$
$2a$	$6a - 4a^2$	
-2	$8b + 12$	
$2x$	$4xy - 10x$	

3 Fülle die Lücken.

Term	umgeformter Term
$8a - 12b$	_____$(2a - $_____$)$
$14xy - 77x^2y + 21xy^2$	_____$(2 - $_____$ + $_____$)$
$-7nm + 3m$	$(-1)($_____ ⬛ _____$)$
_____$ + 12xy$	_____$\cdot (3x + 2)$
$1,5x - 4xy + 2x^2y^2$	$\frac{1}{2}($_____$ - $_____$ + $_____$)$

4 Drücke die Mantelfläche des Körpers als Produkt und als Summe aus.

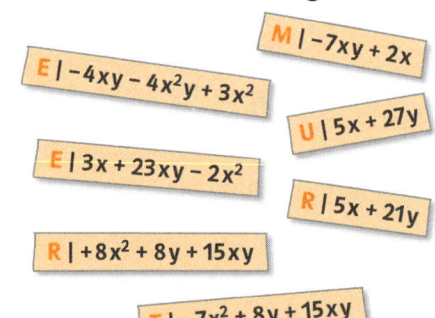

$6z$, $2x$, $\frac{1}{2}y$

Produkt: _____

Summe: _____

5 Vereinfache den Term durch Ausmultiplizieren und Zusammenfassen. Die Buchstaben der Lösungen ergeben ein Lösungswort. _____

a) $5x(x + 3y) + (2y - 3x^2) \cdot 4 = $ _____ ⬛

b) $3(x + 5xy) - 2x(x - 4y) = $ _____ ⬛

c) $4\left(\frac{1}{2}x + 6y\right) - (2x - 3y + x) \cdot (-1) = $ _____ ⬛

d) $\frac{1}{2}(6x - 4xy) - (3x + 15xy) : 3 = $ _____ ⬛

e) $-4x(y + 4xy) + 3x(x + 4xy) = $ _____ ⬛

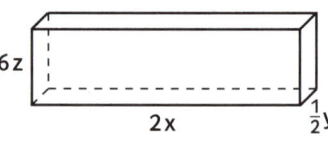

M | $-7xy + 2x$

E | $-4xy - 4x^2y + 3x^2$

U | $5x + 27y$

E | $3x + 23xy - 2x^2$

R | $5x + 21y$

R | $+8x^2 + 8y + 15xy$

T | $-7x^2 + 8y + 15xy$

6 Wandle durch Ausklammern in ein Produkt um. Kürze danach.

a) $\dfrac{24x + 6y}{6} = $ _____

= _____

b) $\dfrac{-169y + 13xy}{13} = $ _____

= _____

c) $\dfrac{2x - 16y}{2} = $ _____

= _____

d) $\dfrac{-121x^2y - 66xy^2}{11} = $ _____

= _____

Multiplizieren von Summen

1 Schreibe den Flächeninhalt als Produkt und als Summe.

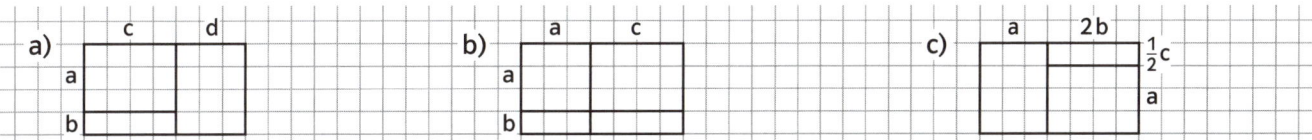

a)

Produkt: _____

Summe: _____

b)

Produkt: _____

Summe: _____

c)

Produkt: _____

Summe: _____

2 Multipliziere die Summen.

a) $(x + 4) \cdot (y - 7)$

b) $(-2x + p) \cdot (-y + q)$

c) $(-2a - 5)(8b - 12)$

= _____

= _____

= _____

3 Wie wurde hier gerechnet? Fülle die Lücken.

a) $36a - 72ab = 36a \,(\underline{} - \underline{})$

b) $8x + 28y = \underline{} \cdot (4x + \underline{})$

c) $9xy^2 - 108xy = (\underline{} - 12x) \cdot \underline{} \, y$

d) $3x^2 + 5x - 12 = (3x \underline{} 4)(x \underline{} 3)$

e) $4ab - 16a + 2b - 8 = (4a \underline{} 2)(b - \underline{})$

f) $7x^2 + 32x - 15 = (7x \underline{} \underline{})(\underline{} + 5)$

4 Streiche die Fehler und verbessere.

Aufgabe	zusammengefasstes Ergebnis	Verbesserung
a) $\left(\frac{2}{3}x + 8\right)\left(\frac{2}{3}x + 5\right)$	$= \frac{4}{9}x^2 + 31x + 40$	
b) $\left(\frac{5}{7}a + b\right)\left(\frac{3}{5}b + a\right)$	$= \frac{15}{35}a^2 + \frac{10}{7}ab + \frac{3}{5}b^2$	
c) $\left(\frac{3}{2}x + 0{,}5y\right)\left(\frac{2}{3}x + y\right)$	$= x^2 + \frac{11}{6}xy + \frac{1}{2}y^2$	
d) $\left(\frac{1}{2}x - 5y\right)\left(\frac{1}{3}x - y\right)$	$= \frac{1}{5}x^2 - \frac{11}{6}xy + 5y^2$	

5 Klammere aus wie im Beispiel: $(y - 3) \cdot 4 - (y - 3) \cdot 2x = (y - 3) \cdot (4 - 2x)$.

a) $(3{,}7 + y) \cdot 7 + (3{,}7 + y) \cdot 2$

b) $3 \cdot (xy - z) - (xy - z) \cdot 4z$

= _____

= _____

c) $4(x^2 + 2x) + 5y(x^2 + 2x)$

d) $3a(x^2y - 5) - (-5 + x^2y) \cdot b$

= _____

= _____

e) $(4x - 2y) \cdot x + (2x - y) \cdot y$

f) $2(ax + b) - 4b(ax + b) + 0{,}5a$

= _____

= _____

6 Stelle den Term auf. Multipliziere aus.

a) Bilde das Produkt aus der Summe aus $4x$ und $3y$ und der Summe aus x und 6.

_____

b) Multipliziere die Summe der Zahlen 8 und x mit ihrer Differenz.

_____

Binomische Formeln (1)

1 Beschrifte die Zeichnung.

a) Die erste binomische Formel lautet:

_____

Färbe die Fläche a^2 blau, die Fläche b^2 gelb und die Fläche $a \cdot b$ grün.

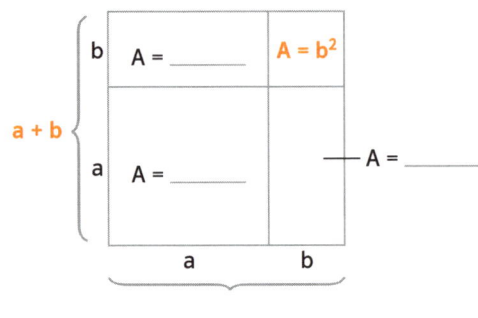

b) Die zweite binomische Formel lautet:

_____

Färbe die Fläche b^2 gelb und schraffiere die Fläche $a \cdot b$ grün.

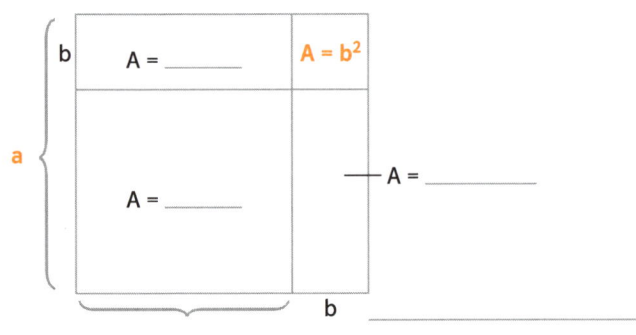

c) Die dritte binomische Formel lautet:

_____

Färbe die Fläche $a \cdot (a-b)$ blau, die Fläche b^2 gelb und die Fläche $b \cdot (a-b)$ grün.

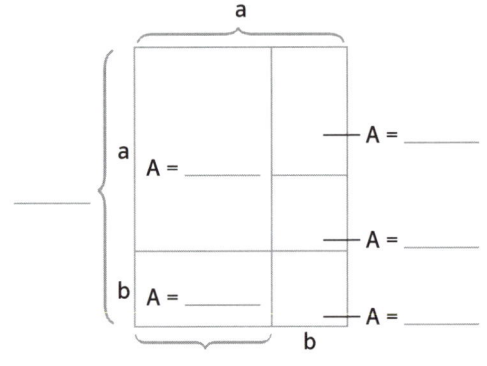

2 Wende die binomischen Formeln an.

a) $(v-x)^2 = $ _____

b) $(x+y)^2 = $ _____

c) $(n+m)(n-m) = $ _____

d) $(p-2q)^2 = $ _____

e) $(2b+c)^2 = $ _____

f) $\left(\frac{1}{2}a + b\right)^2 = $ _____

g) $(-3x-7y)^2 = $ _____

h) $(-2a+3b)^2 = $ _____

i) $(3b+2a)(2a-3b) = $ _____

j) $(-4a+b)(-4a-b) = $ _____

3 Fülle die Tabelle aus.

a)

$(a+b)^2$	a^2	b^2	$2ab$	$a^2 + 2ab + b^2$
$(2n+3y)^2$	$4n^2$	$9y^2$	$12ny$	$4n^2 + 12ny + 9y^2$
$(3m+5)^2$				
$(-2x+6y)^2$				

b)

$(a-b)^2$	a^2	b^2	$2ab$	$a^2 - 2ab + b^2$
$(0{,}3x-3y)^2$				
$(2{,}5m-0{,}1)^2$				

4 Fülle die Lücken so, dass Binome entstehen.

a) $(x + $ _____$)^2 = $ _____$ + 2xy + $ _____

b) $(x + $ _____$)^2 = $ _____$ + 6xy + $ _____

c) $(2x - $ _____$)($ _____$ + $ _____$) = $ _____$ - 25y^2$

d) $(x - $ _____$)^2 = $ _____$ - 4xy + $ _____

e) $($ _____$ - 7y)^2 = 9x^2 - $ _____$ + $ _____

f) $($ _____$ + $ _____$)^2 = 4x^2 + 52xy + $ _____

Binomische Formeln (2)

1 Je vier Kärtchen gehören zusammen. Verbinde sie wie im Beispiel.

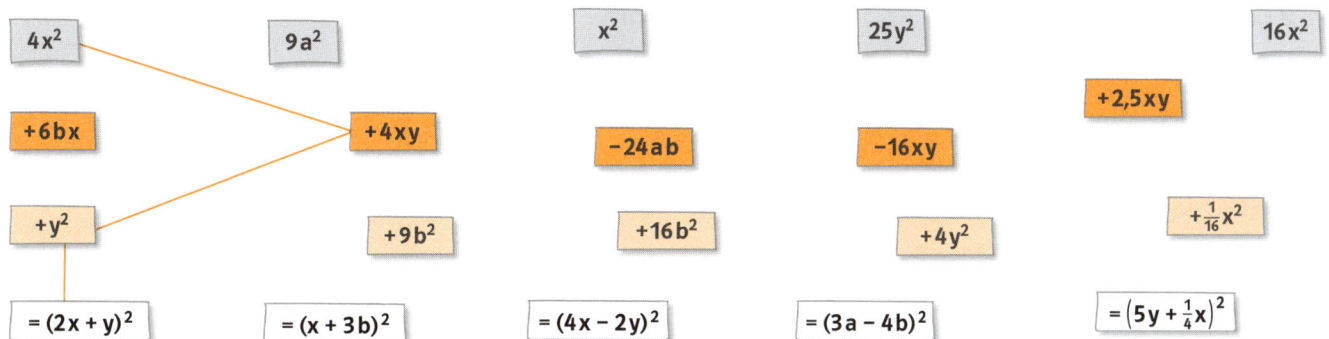

2 Berechne die Binome mithilfe der Multiplikationstabelle.

a) $(2a-3)^2 = 4a^2 - 12a + 9$

·	2a	−3
2a	$4a^2$	$-6a$
−3	$-6a$	9

b) $(2x+3y)^2 =$ _____

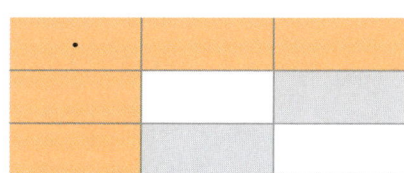

c) $(2x-y)(2x+y) =$ _____

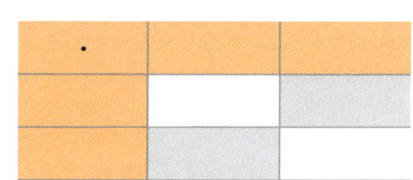

3 Anna hat leider Fehler gemacht. Streiche den falschen Term und berichtige.

a) $(4a+4)^2 = 16a^2 + 16a + 16$ $32a$

b) $\left(2x+\frac{1}{2}y\right)\left(-\frac{1}{2}y+2x\right) = 2x^2 - \frac{1}{4}y^2$ _____

c) $(-1a-6)^2 = -a^2 - 12a + 36$ _____

d) $(0,5x+0,01y)^2 = 0,25x^2 + 0,01xy + 0,01y$ _____

e) $(-10x+7)^2 = 100x^2 - 140x + 49x$ _____

f) $(4x-7y)^2 = 16x^2 - 28y^2 + 49y^2$ _____

g) $(9x-8)^2 = 81x^2 - 126x + 64$ _____

h) $(2xy-3y)^2 = 4x^2y^2 - 12xy + 9y^2$ _____

i) $(4b-4c)(4b+4c) = 16b^2 - 8c^2$ _____

j) $(4yz-12xz)^2 = 16y^2z^2 + 96xyz^2 + 144x^2z^2$ _____

4 Manche Produkte lassen sich mithilfe der binomischen Formeln leicht im Kopf berechnen.

Beispiel 1: $32^2 = (30+2)^2 = 900 + 120 + 4 = 1024$

Beispiel 2: $78^2 = (80-2)^2 = 6400 - 320 + 4 = 6084$

Beispiel 3: $27 \cdot 33 = (30-3) \cdot (30+3) = 900 - 9 = 891$

Berechne ebenso.

a) $43^2 =$ _____

b) $79^2 =$ _____

c) $42 \cdot 38 =$ _____

d) $57 \cdot 63 =$ _____

e) $91^2 =$ _____

f) $81 \cdot 79 =$ _____

g) $12 \cdot 28 =$ _____

h) $39^2 =$ _____

i) $3,8 \cdot 4,2 =$ _____

Faktorisieren mit binomischen Formeln

1 Fülle die Lücken.

a) $81x^2 - \underline{\qquad} + 1 = (\underline{\qquad} - \underline{\qquad})^2$

b) $\underline{\qquad} + 120 + \underline{\qquad} = (\underline{\qquad} + 10)^2$

c) $\underline{\qquad} + 60x + 100 = (\underline{\qquad} + \underline{\qquad})^2$

d) $100x^2 - \underline{\qquad} + \underline{\qquad} = (\underline{\qquad} - 2)^2$

e) $4x^2 + 28x + \underline{\qquad} = (\underline{\qquad} + \underline{\qquad})^2$

f) $x^2 - \underline{\qquad} + 64 = (\underline{\qquad} - \underline{\qquad})^2$

2 Verwandle in ein Produkt.

a) $a^2 - 4ab + 4b^2 = \underline{\qquad}$

b) $4x^2 + 20x + 25 = \underline{\qquad}$

c) $36n^2 - 1 = \underline{\qquad}$

d) $900m^2 - 6400n^2 = \underline{\qquad}$

e) $9b^2 + 6bc + c^2 = \underline{\qquad}$

f) $x^2 - xy + \frac{1}{4}y^2 = \underline{\qquad}$

g) $49 - b^2 = \underline{\qquad}$

h) $\frac{1}{9}x^2 - \frac{1}{4} = \underline{\qquad}$

i) $v^2 + 18uv + 81u^2 = \underline{\qquad}$

3 Fülle die Lücken.

Summe	a	b	Produkt
a) $4n^2 - 4nm + m^2$	$2n$	m	$(2n - m)^2$
b) $81x^2 + 36xy + 4y^2$			
c) $36x^2 - 12xy + y^2$			
d) $25n^2 - 0{,}25m^2$			
e) $0{,}01n^2 + 0{,}2n + \underline{\quad}$			
f) $121 + 66x + \underline{\qquad}$			
g) $\underline{\quad} - 120xy + 16y^2$			

4 Klammere erst den gemeinsamen Faktor aus und bilde dann das Binom.

Beispiel: $2x^2 - 36x + 162$
$= 2(x^2 - 18x + 81)$
$= 2(x - 9)^2$

a) $20x^2 - 20x + 5$

$= \underline{\qquad}$

$= \underline{\qquad}$

b) $50a^2 - 200a + 200$

$= \underline{\qquad}$

$= \underline{\qquad}$

c) $18a^2 - 6ab + 0{,}5b^2$

$= \underline{\qquad}$

$= \underline{\qquad}$

d) $128x^2 - 98y^2$

$= \underline{\qquad}$

$= \underline{\qquad}$

5 Markiere alle Terme, die du mithilfe der binomischen Formeln **nicht** faktorisieren kannst.

Die zugehörigen Buchstaben ergeben ein Lösungswort: $\underline{\qquad\qquad\qquad}$

$81x^2 - 32x + 4$ | I

$x^2 - 4xy + y^2$ | R

$100a^2 - 24ba + b^2$ | A

$4a^2 - 17a + 72$ | F

$49n^2 - 14nm + m^2$ | R

$16x^2 - 10x + 1$ | F

$x^2 - 18x + 81$ | Z

$18x^2 - 56x + 49$ | E

$x^2 + 6x + 1$ | N

$4x^2 + 8x + 4$ | F

$x^2 + 12x + 25$ | T

$25x^2 - 70x + 64$ | R

$49x^2 + 26x + 4$ | I

$4x^2 - 32x + 64$ | A

$16x^2 + 16xy + 4y^2$ | N

$9x^2 - 30xy + 25y^2$ | U

Fülle die Lücken. Für jeden Buchstaben findest du einen Strich. Löse dann die Beispielaufgaben.

Verteilungsgesetz

Beim **Ausmultiplizieren** nimmt man jedes Glied der Klammer mit dem Faktor mal.

$$a \cdot (b + c) = a\,b + a\,c \qquad -a \cdot (b + c) = -a\,b - a\,c$$

$$a \cdot (b - c) = a\,b - a\,c \qquad -a \cdot (b - c) = -a\,b + a\,c$$

Beim **Ausklammern** setzt man einen gemeinsamen Faktor vor die Klammer.
Man nennt diesen Vorgang auch

_ _ _ _ _ _ _ _ _ _ _ _ _ _ .

Multipliziert man **zwei Summen** miteinander, dann wird jeder Summand der ersten Summe mit jedem Summanden der zweiten Summe multipliziert. Danach werden die Produkte addiert.

$$(a + b) \cdot (c + d) = a \cdot c + a \cdot b + d \cdot c + b \cdot d$$

■ $4 \cdot (2{,}5 + x) = 4 \cdot \underline{\quad} + \underline{\quad} \cdot \underline{\quad} = \underline{\qquad}$

■ Drücke die Gesamtfläche als Produkt und als Summe aus.

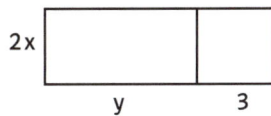

_____

$= $ _____

■ $-5 \cdot (y + x) = $ _____

■ $-2 \cdot (c - d) = $ _____

■ $2x - (x - y) = $ _____

■ $(3 + x) \cdot (y + 5) = 3 \cdot \underline{\quad} + 3 \cdot \underline{\quad} + x \cdot \underline{\quad} + x \cdot \underline{\quad}$

$= $ _____

■ $(2n - 3) \cdot (4n - m) = $ _____

$= $ _____

■ Drücke die Gesamtfläche als Produkt und als Summe aus.

$= $ _____

Binomische Formeln

1. binomische Formel: $(a + b)^2 = a^2 + 2ab + b^2$

2. binomische Formel: $(a - b)^2 = $ _____

3. binomische Formel: $(a + b)(a - b) = $ _____

Faktorisieren mithilfe der binomischen Formeln:
Liegt ein binomischer Term vor, dann kann er mit einer der Formeln in ein Produkt umgewandelt werden.
Zum Beispiel: $n^2 - 2nm + m^2 = (n - m)^2$

■ $(4x + 3y)^2 = $ _____

■ $(6 - 2y)^2 = $ _____

■ $(z - 2a)(z + 2a) = $ _____

■ $25a^2 + 30ab + 9b^2 = (5a + \underline{\qquad})^2$

■ $9 - 16x^2 = $ _____

■ $16n^2 - 40nm + 25m^2 = $ _____

Gleichungen mit Klammern

1 Bestimme die Lösungsmenge wie im Beispiel.

a) $5(4x - 5) = 23 - 4(3x - 4)$ | (ausmultiplizieren)

$20x - 25 = 23 - 12x + 16$ | (zusammenfassen)

$20x - 25 = 39 - 12x$ | $+12x$ | $+25$

$32x = 64$ | $: 32$

$x = 2; L = \{2\}$

Probe, linker Term: rechter Term:

$5(8 - 5)$ $23 - 4(6 - 4)$

$= 15$ ✓ $= 23 - 8$

                   $= 15$ ✓

b) $3(4x - 11) + 12 = 83 - 8(x + 3)$ _____

Probe, linker Term: rechter Term:

c) $2(x - 12) = -41 + 4(4x - 1)$ _____

Probe, linker Term: rechter Term:

d) $(x - 7)(x + 5) = (x - 3)^2$ _____

Probe, linker Term: rechter Term:

2 Löse die Gleichungen. Rechne möglichst im Kopf. Umkreise die richtige Lösung. Notiere die zum Lösungsfeld gehörenden Buchstaben. _____

Gleichung	Klammer aufgelöst/ Terme zusammengefasst	Lösung					
		R	A	M	T	O	D
$7(4x - 3) + 6(1 - 3x) = 35$		-2	2	5	$0,5$	3	1
$5x - 4(2 - 3x) = 22 + 7x$		5	-2	-3	12	3	2
$2(6 + 4x) = 5(2x + 4)$		4	9	3	-4	2	5
$3(x + 2) = 2(x + 1) - 5$		7	0	9	-8	-9	4
$5(5x - 12) = 4(2x - 8) - (3x + 4)$		$1,2$	4	3	7	$0,5$	1
$(x + 2)(3x - 6) = x(3x + 2)$		-6	3	1	-1	4	6
$(2x + 3)(x - 2) = (4 - x)(5 - 2x) + 1$		$0,5$	$2,25$	7	4	6	3
$13(4x + 2) = 18(10x + 7) + 9(6x - 1)$		7	4	-6	-1	3	$-0,5$

Ungleichungen

1 Hier sind Lösungen von Ungleichungen dargestellt. Notiere die Lösungsmengen und gib zu jeder zwei äquivalente Ungleichungen an.

a)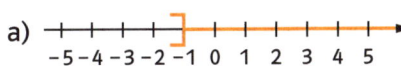

$\mathbb{G} = $ _____ $\mathbb{L} = $ _____

_____

b)

$\mathbb{G} = $ _____ $\mathbb{L} = $ _____

c)

$\mathbb{G} = $ _____ $\mathbb{L} = $ _____

2 Löse die Ungleichungen mithilfe von Äquivalenzumformungen. Schreibe die einzelnen Schritte daneben.
$\mathbb{G} = \mathbb{Q}$

a) $2(x + 2) \geq x - 3$ | ausmultipl.

$2x + 4 \geq x - 3$ | $-x - 4$

$\mathbb{L} = $ _____

b) $5 - x > 17$ _____

$\mathbb{L} = $ _____

c) $\frac{1}{2} - x < 14{,}5$ _____

$\mathbb{L} = $ _____

d) $8x + 2 > 7 + 7x$ _____

$\mathbb{L} = $ _____

e) $\frac{1}{2}(x - 12) \leq \frac{x}{4} - 2$ _____

$\mathbb{L} = $ _____

f) $15 - 2x \geq 1 - x$ _____

$\mathbb{L} = $ _____

3 Maria hat 2,4 m Draht und möchte das Kantenmodell des abgebildeten Körpers bauen. Wie lang darf a höchstens sein, damit ihr Draht reicht? Verdeutliche deine Lösungen auf dem Zahlenstrahl.

a)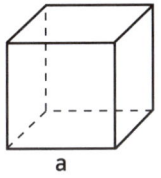

Würfel

Ungleichung: _____

$\mathbb{G} = $ _____ ; $\mathbb{L} = $ _____

b)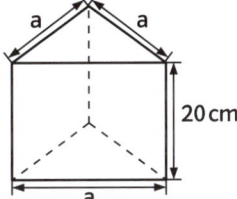

Ungleichung: _____

$\mathbb{G} = $ _____ ; $\mathbb{L} = $ _____

c)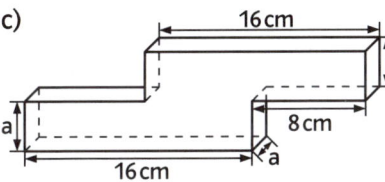

Ungleichung: _____

$\mathbb{G} = $ _____ ; $\mathbb{L} = $ _____

4 Die Summe dreier aufeinanderfolgender ganzer Zahlen soll kleiner als 147 sein. Wie groß darf die kleinste der drei Zahlen höchstens sein?

a) Ungleichung _____

b) $\mathbb{G} = $ _____ $\mathbb{L} = $ _____

1 a) Auf den Kärtchen wurde festgehalten, wie man mit Formeln rechnet. Bringe sie in die richtige Reihenfolge (1–4).

| Notiere die passende Formel.

| Notiere die Antwort.

| Setze die Werte ein und berechne.

| Löse die Formel nach der gesuchten Variablen auf.

> Die Durchschnittsgeschwindigkeit (v) berechnet man nach der Formel $v = \frac{s}{t}$ (Weg s, Zeit t).

b) Yasmin legt mit einer Durchschnittsgeschwindigkeit $v = 18\,km/h$ eine Strecke $s = 45\,km$ zurück. Wie viel Zeit braucht sie? Notiere die einzelnen Schritte.

1. Schritt: _____   2. Schritt: _____

3. Schritt: _____   4. Schritt: Die Fahrzeit beträgt

_____   _____ .

2 Stelle eine Formel für den Flächeninhalt des Rechtecks auf. Löse nach allen vorhandenen Variablen auf.

a)

[Rechteck mit Seiten a und $\frac{b}{2}$]

A = _____

a = _____   b = _____

b)

[Rechteck mit Seiten $2a+1$ und b]

A = _____

a = _____   b = _____

3 Der Wirkungsgrad eines technischen Gerätes gibt an, wie viel von der zugeführten Energie E_1 in die gewünschte Energieform E_2 umgewandelt wird. Beispiel Auto: Ein Wirkungsgrad $\eta = 20\,\%$ bedeutet, dass beim Fahren $20\,\%$ der Energie des Benzins in Bewegungsenergie umgewandelt wird. Der Rest von $80\,\%$ wird in Wärme umgewandelt, die an die Umgebung abgegeben und nicht genutzt wird.

> Zur Erinnerung: Die Einheit der Energie E ist Joule (J).

> Einige Wirkungsgrade:
> Solarzelle: 15 %
> Windkraftanlage: 85 %
> Kaminofen: 15 %
> Auto: 20 %
> Kraftwerk: 35 %
> Blockheizkraftwerk: 98 %
> Glühbirne: 5 %

Den Wirkungsgrad η (Eta) berechnet man nach der Formel

Wirkungsgrad $\eta = \dfrac{\text{genutzte Energie}}{\text{zugeführte Energie}} \cdot 100\,\%$ oder kurz $\eta = E_2 \cdot \dfrac{100}{E_1}\,\%$.

a) Ein Gerät nutzt von $E_1 = 1200\,J$ nur $240\,J$. Worum könnte es sich dabei handeln?

$\eta =$ _____ = _____

Gerät: _____

b) Ein Blockheizkraftwerk liefert $120\,000\,kJ$ ($1\,kJ = 1000\,J$). Welche Energiemenge muss zugeführt werden?

$E_1 =$ _____ = _____

c) Einer Glühbirne werden $1250\,J$ zugeführt. Wie viel Energie gibt sie wieder ab?

$E_2 =$ _____ = _____

Formeln (2)

1 Im Durchschnitt betrachtet, wird die Körpergröße eines Menschen nach den Formeln

$$l_{Mä} = \frac{l_{Va} + l_{Mu}}{2} - 6,5\,cm \qquad \text{für Mädchen und} \qquad l_{Ju} = \frac{l_{Va} + l_{Mu}}{2} + 6,5\,cm \qquad \text{für Jungen berechnet.}$$

Dabei steht l_{Va} für die Körperlänge des Vaters, l_{Mu} für die der Mutter, $l_{Mä}$ für die Körperlänge der Mädchen

und l_{Ju} für die Körperlänge der Jungen.

a) Kreuze richtige Aussagen an:

☐ Jungen sind immer größer als der Vater.   ☐ Jungen sind als Erwachsene immer größer als ihre Schwestern.

☐ Mädchen werden im Durchschnitt immer kleiner als ihre Brüder.   ☐ Jungen sind immer größer als die Mutter.

☐ Jungen sind manchmal kleiner als der Vater.   ☐ Mädchen sind immer kleiner als der Vater.

b) Berechne die zu erwartende Körperlänge für eine erwachsene Tochter und einen erwachsenen Sohn eines Elternpaares, bei dem die Mutter 1,74 m und der Vater 1,87 m groß ist.

Tochter: _____   Sohn: _____

c) Wie groß ist nach obiger Formel die Mutter, wenn der Sohn 1,86 m misst und sein Vater 1,87 m groß ist?

_____

2 Leonhard Euler (1707–1793) war ein solch bedeutender deutscher Mathematiker, dass u. a. ein Asteroid und ein Mondkrater nach ihm benannt wurden. Er bewies, dass für einen Körper, der von ebenen Flächen begrenzt wird, immer gilt:

e + f = k + 2

Anzahl der Ecken   Anzahl der Flächen   Anzahl der Kanten

a) Überprüfe Eulers Behauptung an dem abgebildeten Körper.

e = _____

f = _____   e + f = _____

k = _____   k + 2 = _____

b) Wie viele Kanten hat ein Körper, der 12 Ecken und 8 Flächen besitzt?

k = _____ = _____

Es könnte ein _____ sein.

3 Die physikalische Leistung P (in Watt), die ein Mensch beim Treppensteigen erbringt, ergibt sich aus

$P = \frac{G \cdot h \cdot n}{t}$, wobei G für seine Gewichtskraft (in Newton), h für die Höhe (in Metern) der einzelnen Treppenstufen, n für die Anzahl der Stufen und t für die gebrauchte Zeit (in Sekunden) steht.

a) Wie schwer ist Aragon, wenn er in 15 Sekunden eine Treppe mit 22 gleich hohen Stufen der Höhe 0,2 m hinaufsteigt und dabei eine Leistung von 132 Watt erbringt?

G = _____ = _____ N

b) Wie hoch wären die Treppenstufen, wenn seine Leistung bei sonst gleich bleibenden Bedingungen 200 W betragen würde?

h = _____ = _____ m

Info:
Die Einheit der physikalischen Leistung ist Watt (W).

Formeln – Textaufgaben

1 Martin bummelt auf dem Weg zur Schule. Zur normalen Ankunftszeit hat er heute erst $\frac{4}{5}$ des Weges zurückgelegt. In der Schule kommt er schließlich zwei Minuten später an als sonst.
Wie lange braucht er normalerweise für den Schulweg?

1. Schritt (Variablen benennen):

normale Zeit t   Einheit: _____

Schulweglänge s   Einheit: _____

2. Schritt (Gleichung aufstellen):
Da er konstant langsam läuft, gilt für die beiden Streckenabschnitte

$$v = \frac{\quad}{t} = \frac{\quad}{t + 2}$$

3. Schritt (Gleichung lösen):

_____

_____

_____

_____

_____

4. Schritt (Ergebnis prüfen):

_____

5. Schritt (Antwortsatz): _____

2 Zum Leerpumpen eines Bades benötigt Pumpe A acht Stunden.
a) Ergänze die Werte für Pumpe A in der Tabelle.
b) Zeichne den Graphen für Pumpe A.
c) Mit Pumpe B kann das Schwimmbad in vier Stunden geleert werden. Trage die Werte in die Tabelle ein und zeichne den Graphen.

Füllung (in m³)	Zeit Pumpe A (in h)	Zeit Pumpe B (in h)
2000	0	0
1500		
1000		
500		
0		

$1 m^3 = 1000\, l$

Füllung in m³

Zeit in h

d) Zunächst wird Pumpe B angeschlossen, sie schafft pro Stunde _____ Liter. Nach einer Stunde

wird Pumpe A zusätzlich angeschlossen, die pro Stunde _____ Liter abpumpt. Auf diese Weise ist

das Bad nach _____ Stunden leer gepumpt. Zeichne den Graphen.

3 Herr Klug und Herr Schlau möchten sich treffen. Da sie 540 km voneinander entfernt wohnen, fährt Herr Klug bereits um 8 Uhr los. Gemächlich fährt er mit seinem alten Auto 60 km pro Stunde. Herr Schlau startet erst zwei Stunden später, fährt aber durchschnittlich 80 km pro Stunde.
a) Wie lang ist Herr Klug unterwegs, bis sich die beiden treffen?

Herrn Klugs Fahrzeit: x _____   Herrn Schlaus Fahrzeit: _____

Zurückgelegter Weg von Herrn Klug _____ und von Herrn Schlau _____

Zusammen haben sie nach x Stunden _____ Kilometer

zurückgelegt. Gleichung: _____

_____

Antwort: _____

b) Wie viele Kilometer hat Herr Schlau dann zurückgelegt?

_____

Fülle die Lücken. Für jeden Buchstaben findest du einen Strich. Löse dann die Beispielaufgaben.

🟧 Gleichungen mit Klammern

Beim Lösen von Gleichungen mit Klammern geht man meist wie folgt vor:
1. Klammern auflösen
2. gleichartige Terme zusammenfassen
3. mithilfe der Äquivalenzumformungen lösen
4. **Lösungsmenge** bestimmen (dabei **Grundmenge** beachten)
5. **Probe** als Kontrolle durchführen

Gleichung: $(x + 1)^2 - x^2 - 1 + 4x = -4(10 - x)$

$$\underline{\hspace{3cm}} \; -x^2 - 1 + 4x = \underline{\hspace{2cm}}$$

$$\underline{\hspace{3cm}} = \underline{\hspace{2cm}} \qquad | + 4x$$

$$\underline{\hspace{3cm}} = \underline{\hspace{2cm}} \qquad | :$$

$$x = \underline{\hspace{2cm}}$$

$\mathbb{G} = \mathbb{Z} \qquad \mathbb{L} = \{\underline{\hspace{1.5cm}}\}$

Probe:

linker Term	rechter Term

Unterschiedliche Grundmengen bedeuten auch unterschiedliche Lösungsmengen.

🟧 Für dieselbe Gleichung gilt:

$\mathbb{G} = \mathbb{N} \qquad \mathbb{L} = \underline{\hspace{2cm}}$

🟧 Ungleichungen

Ungleichungen löst man mithilfe der gleichen Äquivalenzumformungen wie Gleichungen.
Aber: Beim Multiplizieren und Dividieren durch eine

$\underline{\hspace{3cm}}$ Zahl dreht sich das **Relationszeichen** um.

Die Lösungen einer Ungleichung lassen sich gut am Zahlenstrahl darstellen.

$\mathbb{G} = \mathbb{Q} \qquad x < 2$
$\mathbb{G} = \mathbb{Z} \qquad x \leqq 2$

🟧 $7x - 1 < 3x + 7 \qquad | - 3x$

$\underline{\hspace{1.5cm}} < +7 \qquad | + \underline{\hspace{1cm}}$

$x < \underline{\hspace{1cm}}$

$\mathbb{G} = \mathbb{Z} \qquad \mathbb{L} = \{1; \underline{\hspace{1cm}}; \underline{\hspace{1cm}}; \underline{\hspace{1cm}}; \ldots\}$

🟧 $-7x < 21 \qquad | : (-7)$

$x \underline{\hspace{1cm}} \underline{\hspace{1cm}}$

$\mathbb{G} = \mathbb{Z}$

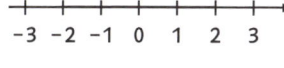

🟧 Formeln

Der Zusammenhang zwischen Größen, $\underline{\hspace{2cm}}$ und Variablen lässt sich mithilfe einer Formel ausdrücken.
Formeln können nach den gleichen Gesetzmäßigkeiten wie Gleichungen umgeformt werden.
Die Variable, nach der man die Formel auflösen möchte, heißt Lösungsvariable. Die Größen, die die Lösungsvariable bestimmen, heißen Parameter.

Der Flächeninhalt A eines Dreiecks wird bestimmt mit der Formel:

$A = \frac{1}{2} \cdot g \cdot h \qquad | \cdot 2$

$2A = g \cdot h \qquad | : \underline{\hspace{1cm}}$

$h = \underline{\hspace{1.5cm}}$

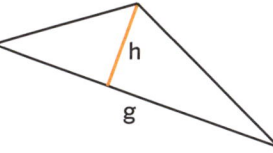

Lösungsvariable: $\underline{\hspace{1cm}}$ \qquad Parameter: $\underline{\hspace{1cm}}$

🟧 In sechs Schritten Textaufgaben lösen

👉 1: Was ist gegeben, was gesucht? Notiere.
👉 2: Führe Variablen für die gegebenen und gesuchten Größen ein. Übersetze mit diesen den Text in einen Term.
👉 3: Stelle eine Gleichung (oder Ungleichung) auf.
👉 4: Löse sie.
👉 5: Bewerte die Lösung. Führe die Probe durch.
👉 6: Notiere die Antwort.

Quadrat und Rechteck

1 Berechne den Flächeninhalt und den Umfang der Figur.

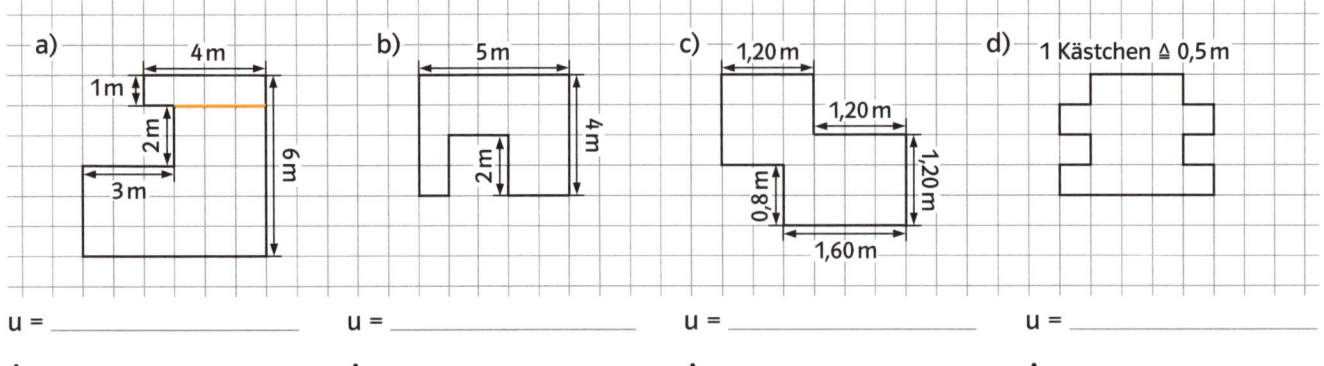

a)

u = _____

A = _____

b)

u = _____

A = _____

c)

u = _____

A = _____

d) 1 Kästchen ≙ 0,5 m

u = _____

A = _____

2 Ergänze die fehlenden Werte für das Rechteck.

	a)	b)	c)	d)
a	5,5 cm	2,3 cm		7,2 cm
b	5,5 cm		0,08 km	
u			200 m	3,56 dm
A		20,7 cm²		

3 a) Tobi möchte sein Zimmer streichen.
Er schaut sich die Wohnungsskizze genau an.
Die Grundfarbe der Wand soll Orange sein;
außerdem soll die Wand einen 30 cm breiten
gelben Streifen (direkt über dem Boden) haben.
Tobi muss _____ m² orange streichen und für
_____ m² gelbe Farbe kaufen.
b) Er und seine Schwester Lene bekommen
in ihren Zimmern auch einen neuen Laminatboden
mit Fußleisten verlegt.
Insgesamt muss die Familie _____ m² Laminat und
_____ m Fußleisten kaufen.

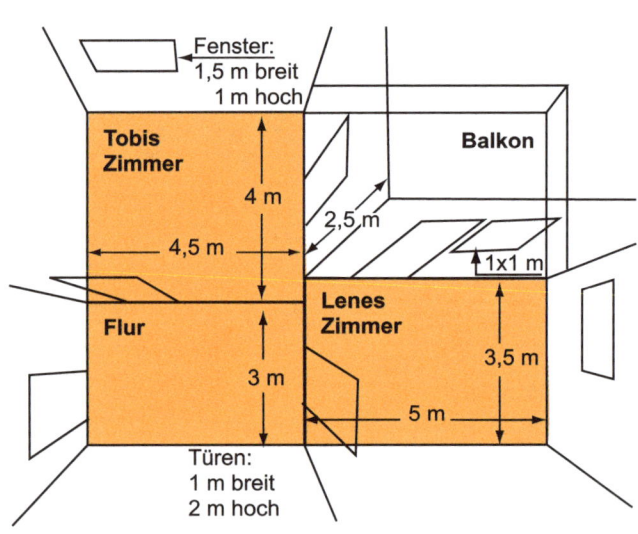

4 Zerlege die Figur so, dass sich die Teile zu einem Rechteck zusammenlegen lassen.
Zeichne das Rechteck neben die Figur. Berechne dann den Flächeninhalt.

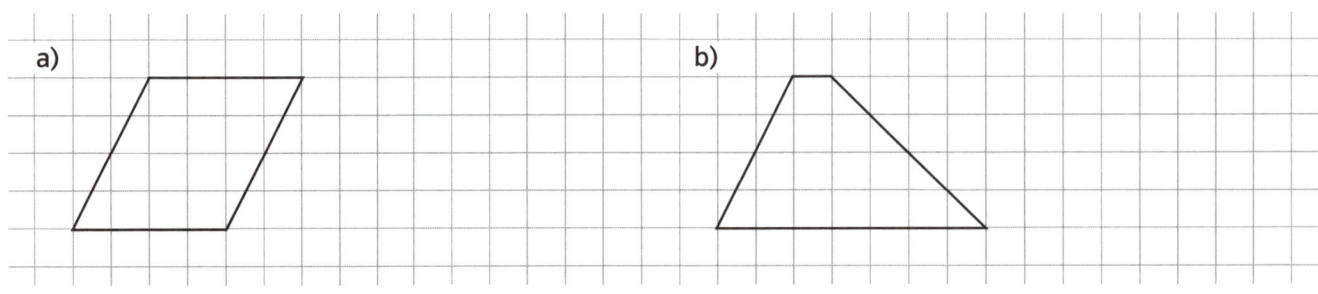

a)

A = _____

b)

A = _____

Parallelogramm und Raute

1 Kennzeichne jeweils eine Grundseite und die zugehörige Höhe. Berechne Flächeninhalt und Umfang der Figur. Entnimm die Maße der Abbildung.

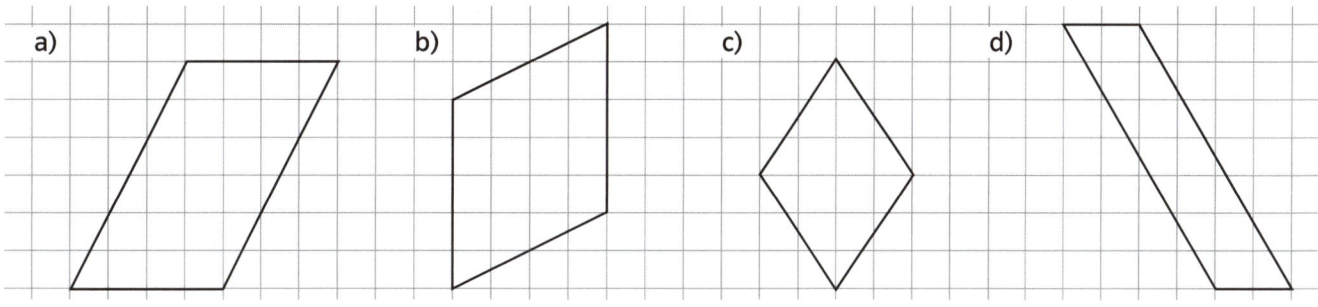

a)

A = _____

u = _____

b)

A = _____

u = _____

c)

A = _____

u = _____

d)

A = _____

u = _____

2 a) Zeichne das Parallelogramm ABCD mit A(4|1), B(7|1), C(3|5) und D(0|5) in das Koordinatensystem.
b) Bestimme den Flächeninhalt in cm^2.

_____

c) Berechne den Umfang.

_____

d) Berechne die Höhe h_b (runde).

_____

e) Trage den Punkt E(1,5|2,5) ein. Verbinde ihn mit C und A. Wo muss F liegen, damit daraus die Raute EAFC entsteht? Verbinde. F(____|____)

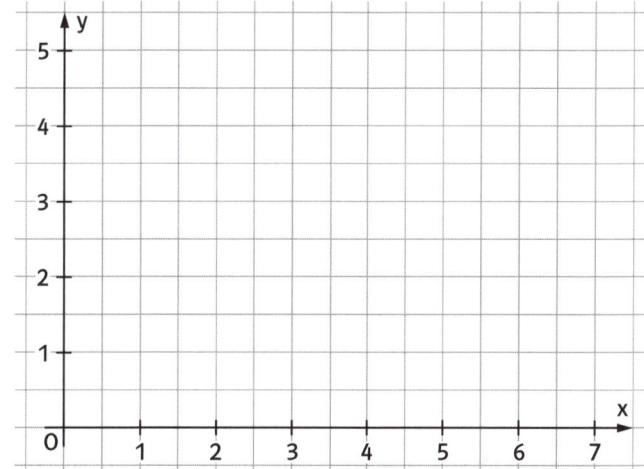

3 Das Treppenhaus zum Keller im Hause Maler soll neu gestrichen werden. Damit die Farbe gut deckt, muss die Wandfläche zweimal gestrichen werden.

a) Berechne die zu streichende Fläche. _____

_____

b) Herr Maler möchte eine möglichst kleine Farbmenge kaufen. Daher kommen zwei Angebote für 5-l-Eimer infrage. Erkläre, warum er sich gegen das preiswertere Angebot entscheidet.

_____

_____

_____

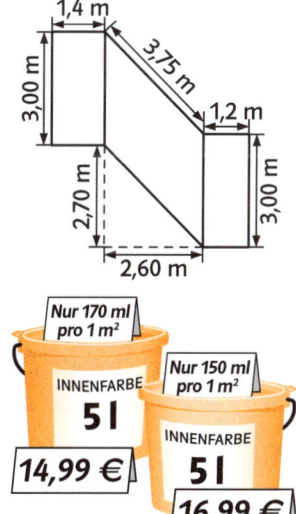

4 Fülle die Tabelle für die Parallelogramme aus.

	a	b	h_a	h_b	u	A
a)	25 cm	15 cm				90 cm²
b)			12 m	8 m		120 m²
c)	18 dm		7 dm		80 dm	

Dreieck (1)

1 a) Konstruiere das Dreieck. Markiere zunächst in der Planfigur die gegebenen Größen farbig und beginne mit der bereits gezeichneten Seite c.

$a = 3\,cm$; $b = 5\,cm$; $c =$ _____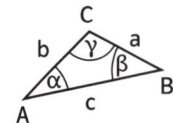

b) Bestimme Flächeninhalt und Umfang des Dreiecks.

$A =$ _____ $u =$ _____

A ⨯━━━━━━━━━━━━━━━━━━⨯ B

2 Berechne den Flächeninhalt und den Umfang. Miss dafür die notwendigen Längen und beschrifte sie.

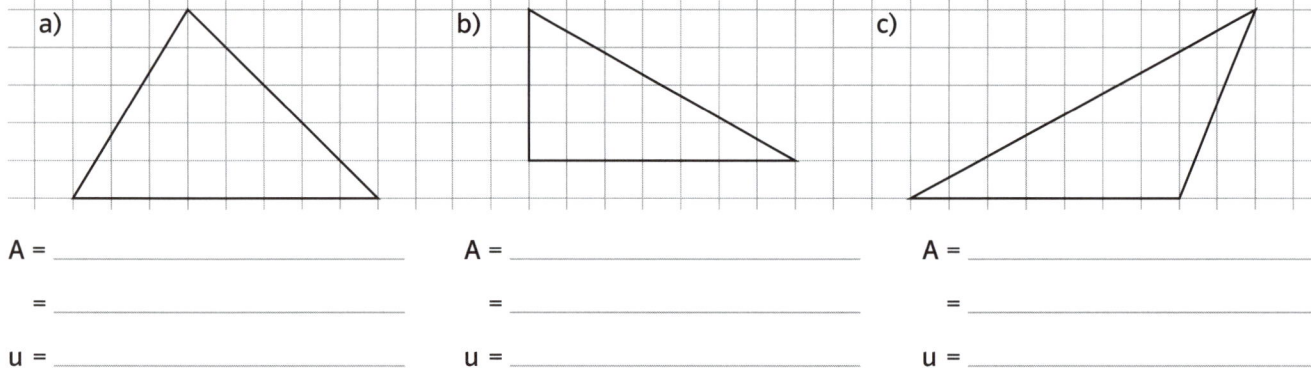

a)

$A =$ _____

$ =$ _____

$u =$ _____

$ =$ _____

b)

$A =$ _____

$ =$ _____

$u =$ _____

$ =$ _____

c)

$A =$ _____

$ =$ _____

$u =$ _____

$ =$ _____

3 a) Berechne die Größe von Pauls Grundstück.

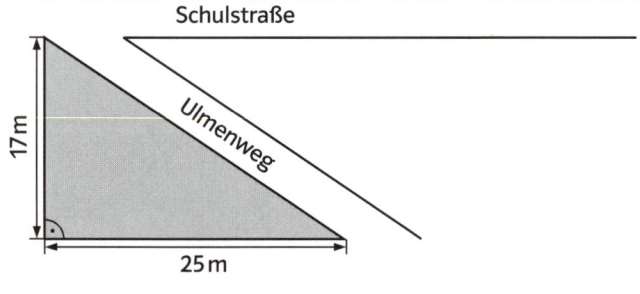

$A_{Paul} =$ _____

$\phantom{A_{Paul}} =$ _____

b) Das Grundstück, auf dem Julia wohnt, hat ebenfalls die Fläche eines rechtwinkligen Dreiecks und ist gleich groß. Die Grundseite ist 34 m lang. Die Breite

des Grundstücks beträgt _____ .
Erstelle eine maßstabsgetreue Zeichnung.

4 Tobias und Dominic haben zwei unterschiedliche Drachen. Welcher Drachen hat die größere Fläche? Beide Drachen lassen sich in zwei Dreiecke zerlegen. Lies die Länge der Grundseite und der Höhe ab.

Tobias:

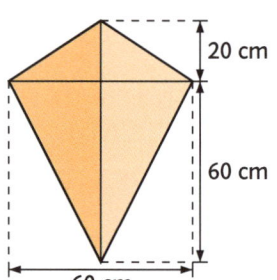

$A_1 =$ _____

$A_2 =$ _____

$A_1 + A_2 =$ _____

Dominic:

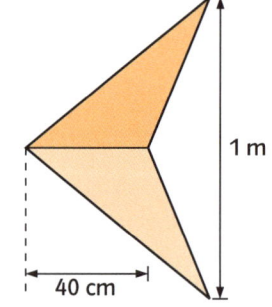

$A_3 =$ _____

_____

$A_4 =$ _____

$A_3 + A_4 =$ _____

Den größeren Drachen

hat _____ .

Dreieck (2)

1 Markus will den alten Drachen seines Vaters mit neuem Transparentpapier bespannen. Damit er den Rand des Papiers umklappen und kleben kann, will er den Drachen auf dem Papier so ausschneiden, dass die Diagonalen zu beiden Seiten je 5 cm länger sind.

a) Wie groß ist die Fläche des Transparentpapiers, das er ausschneidet?

A = _____

b) Auch die orange Schnur, die die Enden der Diagonalen miteinander verbindet, muss erneuert werden. Zum Verknoten benötigt Markus zusätzlich 10 cm. Miss die notwendigen Längen in der Zeichnung (Maßstab 1 : 20) und notiere sie. Wie lang muss die Schnur sein?

Länge: _____

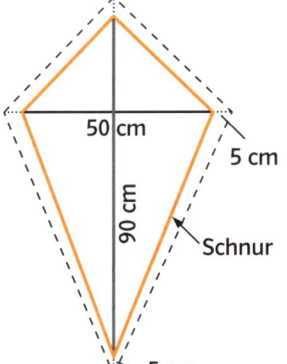

2 Der Quader FREDOLIN ist 3 cm lang, 2 cm breit und 1,5 cm hoch. Löse, indem du zeichnest.

Wie lang ist die Strecke $\overline{FE}$ in Wirklichkeit? _____

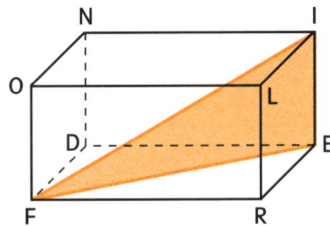

Der Flächeninhalt des Dreiecks FEI

beträgt _____ cm².

3 Eine quadratische Terrasse soll mit einem Sonnensegel überdacht werden. Ein Quadratmeter Stoff kostet 54,95 €. Frau Winterhagen rechnet beim Nähen mit etwa 5 % Verschnitt. Ordne zunächst die nötigen Arbeitsschritte und berechne anschließend.

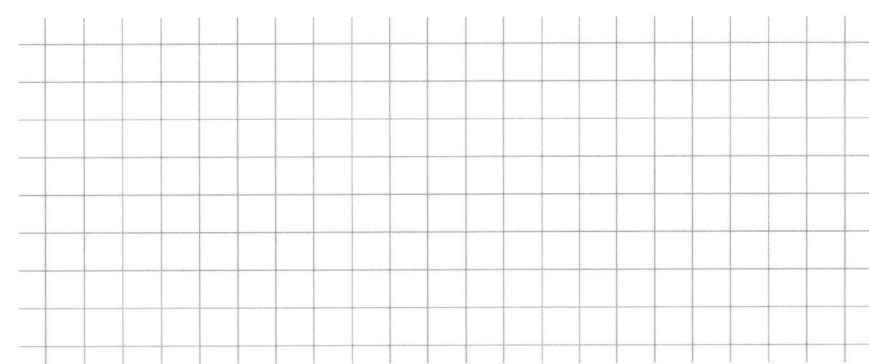

den zu erwartenden Verschnitt addieren _____ m²

Preis des Materials berechnen _____ €

Seitenlänge der Häuserfront berechnen _____ m

Größe des Segels berechnen _____ m²

Antwort:
Frau Winterhagen muss mit Kosten in Höhe von

_____ € rechnen.

4 Zeichne die Diagonalen ein und miss ihre Längen. Gib den Flächeninhalt in cm² an.

a)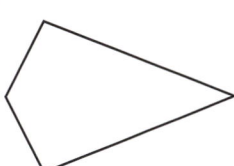

b)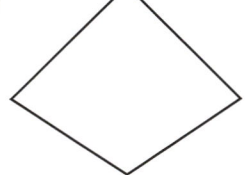

c)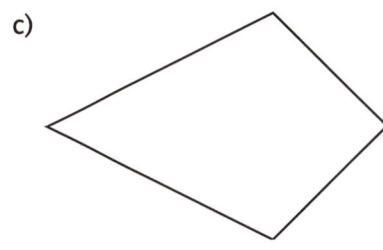

a) e = _____ f = _____

A = _____

b) e = _____ f = _____

A = _____

c) e = _____ f = _____

A = _____

Trapez

1 a) Ergänze die Längen am Trapez.
b) Verdopple das Trapez zu einem Parallelogramm.
c) Berechne den Flächeninhalt des Parallelogramms.

A_P = _____

d) Das Trapez ist _____ so groß wie das Parallelogramm.

A_T = _____

e) Für jedes Trapez gilt daher $A_T = \frac{A_P}{2} = \frac{(\boxed{} + \boxed{}) \cdot h}{2}$.

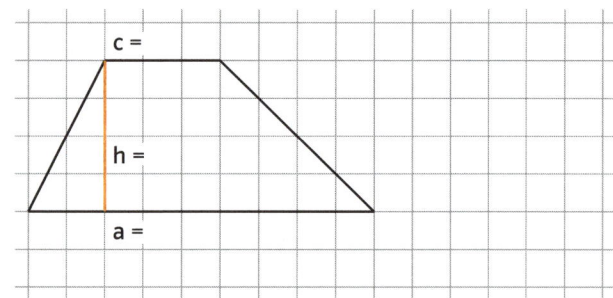

2 Du siehst hier die Grundseite a eines Trapezes.
Der Flächeninhalt des Trapezes beträgt 12 cm²,

c ist 3 cm lang. Berechne h = _____ cm.

Vervollständige das Trapez und miss die fehlenden

Längen.   b = _____   d = _____

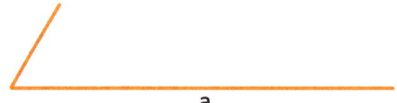

3 Berechne den Flächeninhalt und den Umfang.

a)

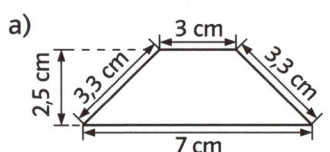

A = _____

= _____

u = _____

= _____

b)

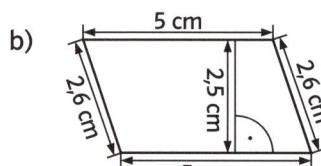

A = _____

= _____

u = _____

= _____

c)

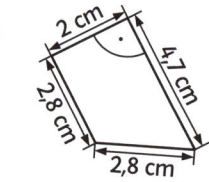

A = _____

= _____

u = _____

= _____

4 Meyers wollen die Giebelwand ihres Hauses verputzen lassen.
a) Wie groß ist die Fläche der Wand insgesamt?

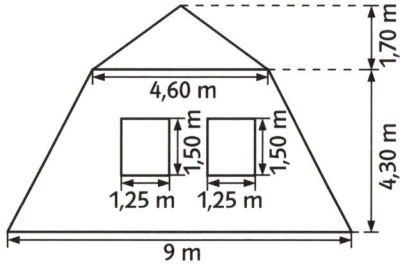

$A_{Dreieck}$ = _____

A_{Trapez} = _____

A_{gesamt} = _____

b) Wie groß ist die zu verputzende Giebelfläche?

$A_{Fenster}$ = _____

$A_{Giebelfläche}$ = _____

c) Wie viel kostet das Verputzen der Giebelfläche,
wenn ein Quadratmeter mit 30 € berechnet wird?

Preis = _____

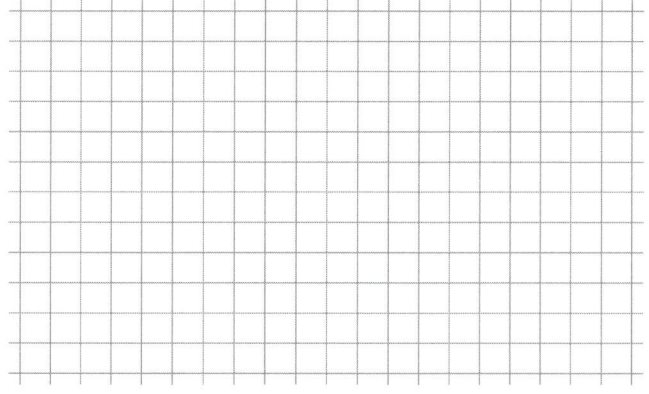

Vielecke

1 Bestimme den Flächeninhalt der Figuren durch geschickte Zerlegung. Zeichne diese ein und notiere die Flächeninhalte der Teilflächen in der Zeichnung.

2 Bestimme den Flächeninhalt der Figuren durch geschickte Ergänzung. Notiere die Flächeninhalte der Teilflächen in der Zeichnung.

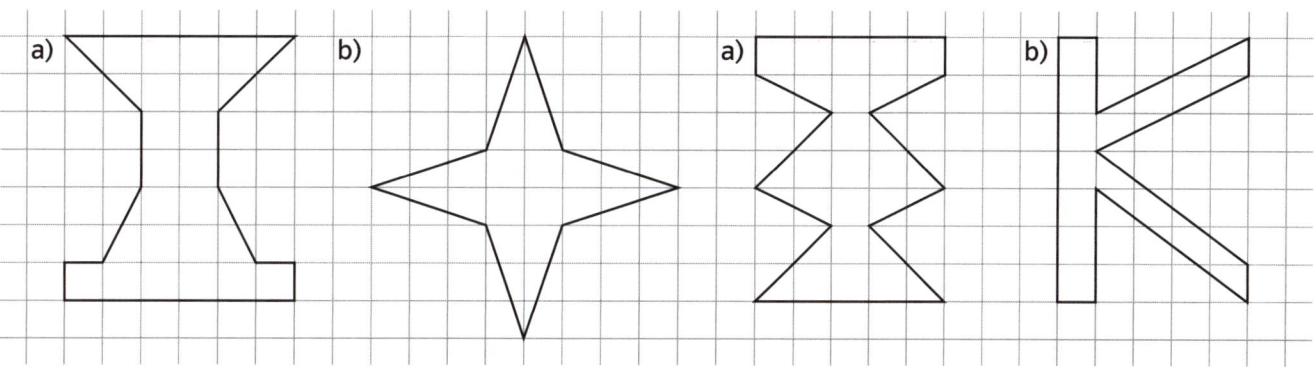

a)　　　　　　　b)　　　　　　　a)　　　　　　　b)

A = _____　　A = _____　　A = _____　　A = _____

3 Familie Förster möchte in ihrem Wohnzimmer neues Laminat verlegen. Ihr Wohnzimmer hat einen ganz besonderen Grundriss.
a) Wie viel m² Laminat benötigen sie mindestens?

A = _____

Antwort: _____

b) Das Laminat wird nur in ganzen Quadratmetern verkauft. Der Preis beträgt 9,99 € pro m². Wie viel müssen Försters mindestens bezahlen?

Minimale Kosten: _____

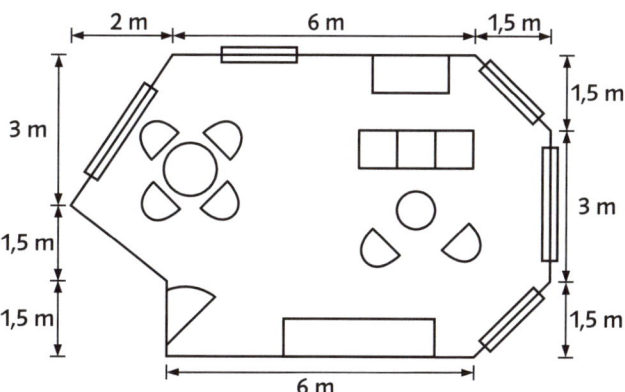

4 a) Zeichne die Vielecke.
Vieleck 1: A (0 | 0,5); B (2 | 1,5); C (2 | 5); D (0 | 4)
Vieleck 2: E (3 | 2); F (6 | 2); G (7 | 4); H (5 | 7,5); J (3 | 4)
Vieleck 3: K (0 | 5,5); L (0,5 | 6); M (3 | 6); N (2 | 7); O (4 | 8); P (1 | 8); Q (0 | 7)

b) Bestimme die Flächeninhalte der Vielecke ohne zu messen. Markiere die Zerlegungen.

A_1 = _____

A_2 = _____

　 = _____

A_3 = _____

　 = _____

c) Gib den Umfang der Vielecke an. Miss dafür die benötigten Strecken und notiere sie am Vieleck.

u_1 = _____

u_2 = _____

u_3 = _____

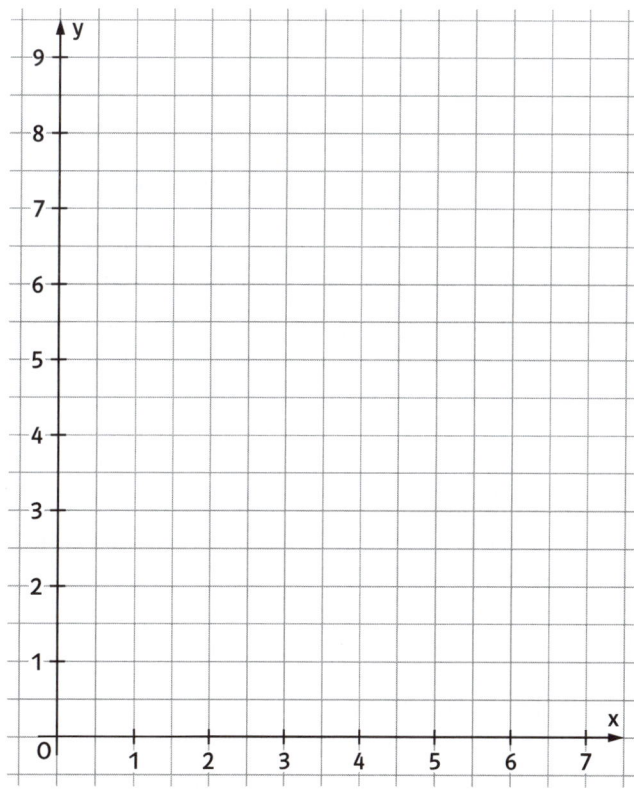

Kreisumfang

1 Tim hat bei einigen zylinderförmigen Gegenständen (Dose, Anspitzer, Litfaßsäule) den Durchmesser gemessen. Bestimme den Umfang.

a) Durchmesser 9 cm
Umfang:

___3,14 · 9 cm =___ _____ =

_____

b) Durchmesser 3 cm
Umfang:

_____ =

_____

c) Durchmesser 1,5 m
Umfang:

_____ =

_____

2 Berechne zu den abgebildeten Kreisen zunächst den Umfang und zeichne dann eine Strecke, die so lang ist wie der berechnete Umfang des Kreises.

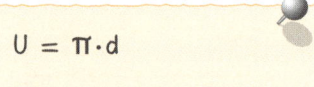

$U = \pi \cdot d$

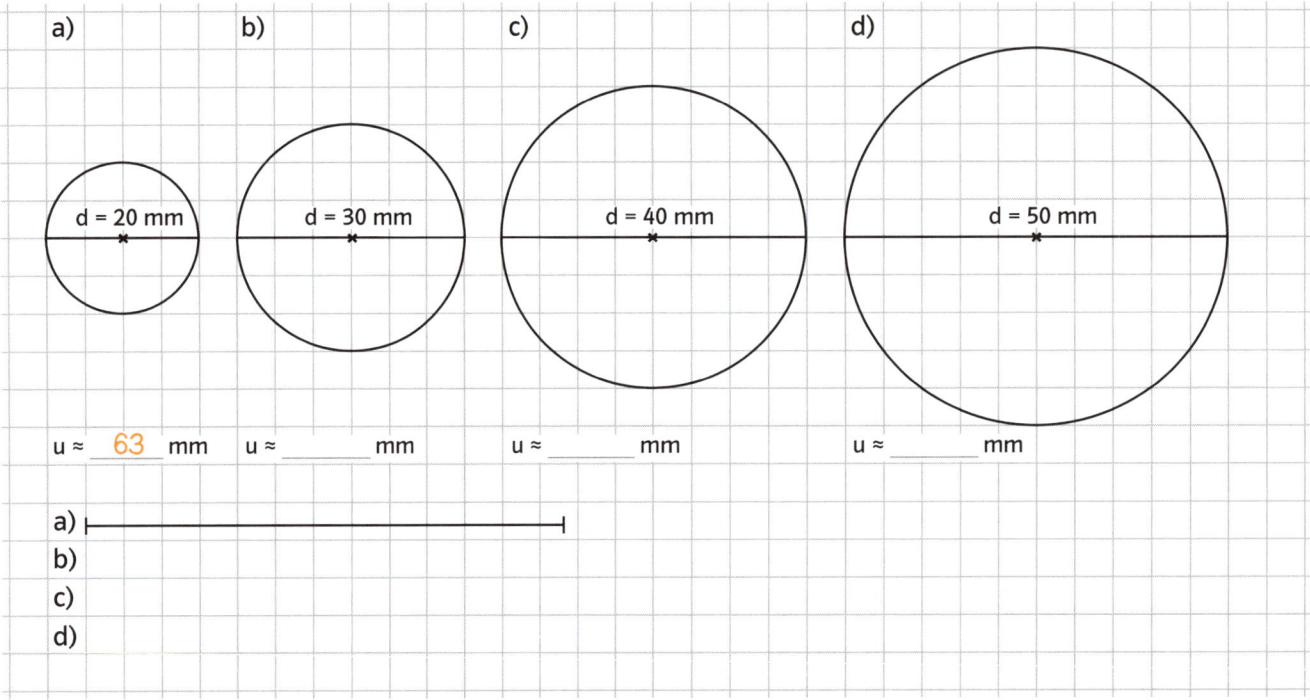

a)   b)   c)   d)

d = 20 mm   d = 30 mm   d = 40 mm   d = 50 mm

u ≈ ___63___ mm   u ≈ _____ mm   u ≈ _____ mm   u ≈ _____ mm

a) ⊢————————————————⊣
b)
c)
d)

3 Die Pizzeria „Toscana" wirbt mit einer Maxipizza, die einen Umfang von 1 Meter haben soll. Sabine glaubt nicht, dass es eine so große Pizza gibt und

berechnet den Durchmesser der Pizza: 100 cm : 3,14 = _____ cm.

Die Jumbo-Pizza mit einem Durchmesser von 36 cm hat sogar einen Umfang von

3,14 · 36 cm = _____ cm = _____ m.

4 Der Umfang der Erde (gemessen z. B. am Äquator) ist ungefähr 40 000 km lang. Den Durchmesser der Erde kann man dann so berechnen:
40 000 km : 3,14 ≈ 12 738,8535 km =

_____ m.

Denke dir ein Seil so eng um die Erde gespannt, dass kein einziges Blatt Papier mehr dazwischen passt. Nun soll dieses Seil um 1 Meter verlängert

werden, es ist dann 40 000,001 km =

_____ m lang. Ob man jetzt

ein Blatt Papier dazwischen bekommt oder eine Maus darunter durchkriechen kann? Rechne im Heft:

40 000 001 m : 3,14 = _____ m.

Antwort: _____

_____

Kreisfläche

1 Ergänze die fehlenden Angaben in der Tabelle.

	a)	b)	c)
Radius	5 m		
Durchmesser		8 km	1 m
Flächeninhalt			

2 Wie groß ist der Flächeninhalt eines 10-ct-Stücks? Schätze zunächst:

_____ cm²

Miss nun den Durchmesser eins 10-ct-Stücks aus

deinem Geldbeutel: _____ mm (Radius: _____ mm)

A ≈ 3,14 · _____ ² mm² = 3,14 · _____ mm²

= _____ mm² ≈ _____ cm².

Hast du gut geschätzt?

_____

3 Ein Kreis hat den Umfang 50 cm. Wie groß ist sein Flächeninhalt?

Durchmesser: 50 cm : _____ = _____ cm

≈ _____ cm (runde auf cm).

Radius: _____ cm

Flächeninhalt: 3,14 · _____ ² cm² = _____ cm²

≈ _____ cm² (Runde auf cm².)

4 Welches Angebot ist günstiger? In einer Pizzeria in Stockholm gibt es verschieden große (aber gleich dicke) Pizzas. Eine Pizza mit dem Durchmesser 30 cm kostet 30 Kronen, eine Pizza mit dem Durchmesser 40 cm kostet 40 Kronen.

Fläche der kleinen Pizza: 3,14 · _____ ² cm² = _____ cm² für 30 Kronen

Für eine Krone bekommt man also _____ cm² : 30 = _____ cm².

Fläche der großen Pizza: 3,14 · _____ ² cm² = _____ cm² für 40 Kronen

Für eine Krone bekommt man also _____.

Die _____ Pizza ist daher das bessere Angebot.

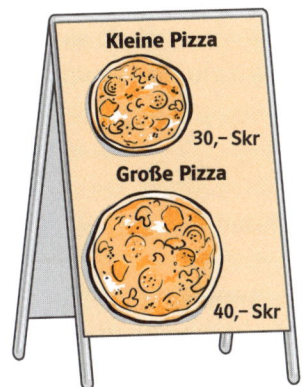

5 Tanja findet in einem Backbuch ein Rezept für einen Tortenboden für eine Springform mit einem Durchmesser von 20 cm. Da sie acht ihrer Freundinnen zum Kaffe eingeladen hat, möchte sie das Rezept für eine Springform mit einem Durchmesser von 28 cm abändern. Wie muss sie die Mengenangaben verändern? Du kannst ihr sicher helfen.

- 75 g Mehl
- 30 g Margarine
- 1 Eigelb
- 25 g Zucker

Die 20-cm-Springform hat einen Radius von _____ cm, also beträgt der Flächeninhalt des Bodens

A = π · _____ ² cm² ≈ 3,14 · _____ cm² = _____ cm². Die 28-cm-Springform hat einen Radius von _____ cm

und der Boden entsprechend einen Flächeninhalt von A = π · _____ ² cm² ≈ 3,14 · _____ cm² = _____ cm².

Der Flächeninhalt der großen Springform ist ungefähr _____ so groß wie der Flächeninhalt

der kleinen Form, Tanja muss die Mengenangaben also einfach _____.

6 Ein Lochverstärkungsring hat einen äußeren Durchmesser von 13 mm. Wie groß ist seine Fläche, wenn der Radius des Lochs halb so groß ist wie der äußere Radius?

Äußerer Radius: _____ mm, innerer Radius: _____ mm.

Flächeninhalt (mit Loch) ≈ 3,14 · _____ ² mm² = _____ mm²

Flächeninhalt des Lochs ≈ 3,14 · _____ ² mm² = _____ mm².

Differenz: _____ mm²

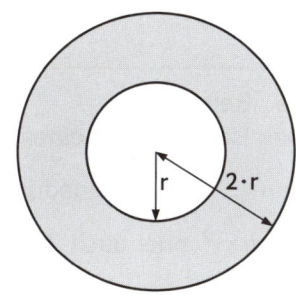

Fülle die Lücken. Für jeden Buchstaben findest du einen Strich. Löse dann die Beispielaufgaben.

🟧 Rechteck und Quadrat

Der **Flächeninhalt** eines Rechtecks kann aus dem _ _ _ _ _ _ _ seiner
Seitenlängen berechnet werden. $A = a \cdot b$

Für den _ _ _ _ _ _ gilt: $u = 2 \cdot (a + b)$

Bei einem Quadrat sind beide Seitenlängen _ _ _ _ _ _ groß.

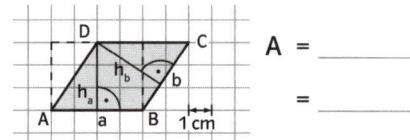

$A = $ _____ $= $ _____

$u = $ _____ $= $ _____

🟧 Parallelogramm und Raute

Der Flächeninhalt eines Parallelogramms ergibt sich als Produkt einer

Seitenlänge und der Länge der zugehörigen _ _ _ _ .
$A = a \cdot h_a = b \cdot h_b$

Bei der Raute sind alle Seiten _ _ _ _ _ _ lang.
Für den Umfang gilt: $u = 2 \cdot (a + b)$

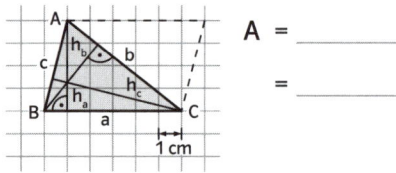

$A = $ _____

$= $ _____

🟧 Dreieck

Der Flächeninhalt eines Dreiecks wird aus dem _ _ _ _ _ _ Produkt
einer Seitenlänge und der dazugehörigen Höhe berechnet.

$A = \frac{1}{2}a \cdot h_a$ $\qquad$ $A = \frac{1}{2} \cdot b \cdot h_b$ $\qquad$ $A = \frac{1}{2} \cdot c \cdot h_c$

Bei einem _ _ _ _ _ winkligen Dreieck ergibt sich $A = \frac{1}{2} a \cdot b$

Für den _ _ _ _ _ _ gilt: $u = a + b + c$

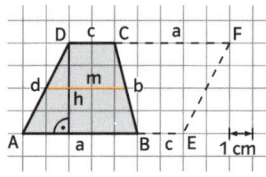

$A = $ _____

$= $ _____

🟧 Trapez

Der Flächeninhalt eines Trapezes wird aus den _ _ _ _ _ _ der beiden
parallelen Seiten und der Höhe berechnet.

$A = \frac{1}{2} \cdot (a + c) \cdot h$ oder $A = m \cdot h$

Für den Umfang gilt: $u = a + b + c + d$

$A = $ _____

$= $ _____

🟧 Kreiszahl π

Das Verhältnis von Kreis _ _ _ _ _ _ zu Kreisdurchmesser wird
Kreiszahl π genannt.

$\frac{u}{d} = \pi \approx 3{,}14 \dots$

🟧 Kreisumfang

Der Umfang eines Kreises ergibt sich als Produkt der

Kreiszahl π mit dem _ _ _ _ _ _ _ _ _ _ _ .
$u = \pi \cdot d$ bzw. $u = 2 \cdot \pi \cdot r$

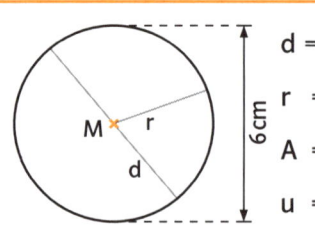

$d = 6\,cm$

$r = $ _____

$A = $ _____

$u = $ _____

🟧 Kreisfläche

Den Flächeninhalt eines Kreises erhält man, wenn man

den _ _ _ _ _ _ quadriert und mit der Kreiszahl π multipliziert.

$A = \pi \cdot r^2$ oder auch $A = \frac{\pi d^2}{4}$

Kreis	Fläche A	Umfang u
r = 2 cm d =		
r = d = 10 cm		
r = d =		6,28 m

1 Drücke die Mantelfläche des Körpers als Produkt und als Summe aus.

a)

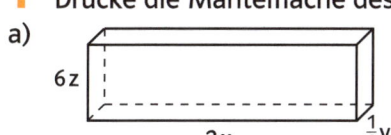

b)

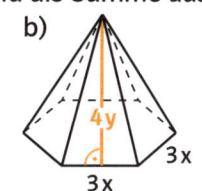

TIPP:
Zur Mantelfläche gehören der Boden und die Deckfläche nicht dazu!

Produkt: _____

Summe: _____

Produkt: _____

Summe: _____

2 Schreibe das Ergebnis der Multiplikation in die Tabelle.

▦ · ▦	$(y - 4)$	$(4xy + x)$	$(2xy + 3y + 2)$
$(2y - 2)$	$2y^2 - 10y + 8$		
$(5x + 3y)$			

3 Die Summe aller Lösungen ergibt 18.

a) $18x - (7 + 12x) = 2 + (5x - 8)$

_____

_____

_____ x = _____

b) $(x - 4)(x + 3) = x^2 - 10$

_____

_____

_____ x = _____

c) $5(3x - 12) = 15(20 - 2x)$

_____

_____

_____ x = _____

d) $(x + 22)(x - 9) = x(x - 5)$

_____

_____

_____ x = _____

4 Löse die Ungleichung und stelle alle Lösungen am Zahlenstrahl dar.

a) $5 + 7x < 19$

_____

_____

$\mathbb{G} = \mathbb{Q}; \ \mathbb{L} =$ _____

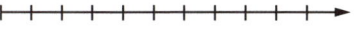

b) $17 - 12x > 77 + 6x$

_____

_____

$\mathbb{G} = \mathbb{Q}; \ \mathbb{L} =$ _____

c) $4(3x - 1) - 2 \geqq 2(x + 5)$

_____

_____

$\mathbb{G} = \mathbb{Q}; \ \mathbb{L} =$ _____

5 Berechne den Flächeninhalt auf zwei verschiedene Weisen. Entnimm die nötigen Maße der Zeichnung.

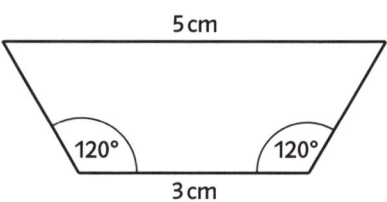

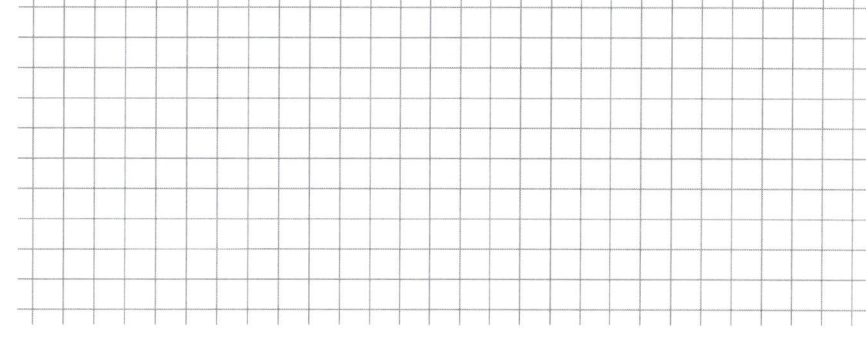

Grundwert. Prozentwert. Prozentsatz

1 Berechne den Prozentwert im Kopf. Markiere die Lösung im Bild.

a) 25 % von 400 kg: _____ kg b) 15 % von 80 m: _____ m

c) 85 % von 500 l: _____ l d) 30 % von 270 m²: _____ m²

e) 70 % von 250 €: _____ € f) 90 % von 2000 g: _____ g

2 Bestimme den Prozentsatz im Kopf. Markiere die Lösung im Bild.

a) 25 kg von 500 kg _____ %

b) 30 l von 300 l _____ %

c) 800 m von 1000 m _____ %

d) 17 m² von 68 m² _____ %

e) 320 ml von 1000 ml _____ %

f) 12 cm von 60 cm _____ %

3 Berechne den Grundwert im Kopf. Markiere die Lösung im Bild. Die Biene findet so ihren Weg nach draußen.

a) 25 m entsprechen 50 % _____ m

b) 12 kg entsprechen 20 % _____ kg

c) 800 kg entsprechen 40 % _____ kg

d) 200 km entsprechen 25 % _____ km

e) 375 g entsprechen 30 % _____ g

f) 270 ml entsprechen 60 % _____ ml

4 Dieter hat Rechnungen mit dem Dreisatz durchgeführt. Korrigiere sein Vorgehen, wenn du Fehler findest.

a) 12 % der 1200 Schüler nennen Gelb als ihre Lieblingsfarbe.

Prozentwert: 1200 _____

Prozentsatz: 12 % _____

12 % ≙ 1200 _____

1 % ≙ 100 _____

100 % ≙ 10 000 _____

Es wurden 10 000 Schüler befragt. _____

b) 30 % der Schüler geben Blau als ihre Lieblingsfarbe an, das sind 300.

Grundwert: 300 _____

Prozentsatz: 30 % _____

100 % ≙ 300 _____

1 % ≙ 3 _____

30 % ≙ 90 _____

90 Schüler nennen Blau ihre Lieblingsfarbe.

5 Das Balkendiagramm zeigt die prozentuale Verteilung der Lieblingsfarben von Hausbesitzern. Einige Balken haben die falsche Länge. Korrigiere. Es wurden 2500 Hausbesitzer befragt. Berechne, wie viele sich für welche Farbe entschieden haben und schreibe diese Werte neben die Balken.

_____

_____

_____

Gelb 22 %
Beige 11 %
Rot 9 %
Blau 6 %
Grün 6 %
Orange 3 %

5 % 10 % 15 % 20 % 25 %

Vermehrter und verminderter Grundwert

1 Berechne die fehlenden Angaben.

alter Wert in Euro	Zuwachs/Verminderung		neuer Wert	
	in Prozent	in Euro	in Prozent	in Euro
750 €	+5 %	+ 37,50 €	105 %	787,50 €
300 €	+10 %			
880 €	+12 %			
			107 %	1819 €
			115 %	3910 €
900 €	−10 %	− 90 €	90 %	810 €
1060 €	−20 %			
1200 €	−15 %			
			95 %	3040 €
			92 %	5060 €

2 Klaus spart für eine Stereoanlage. Er hat schon 60 % zusammen. Jetzt fehlen ihm nur noch 198 €. Wie viel kostet die Stereoanlage und wie viel hat Klaus schon gespart?

198 € entsprechen _____ %.

Damit kann man den Grundwert G (entspricht 100 %)

berechnen: G = _____ = _____ €. Die Stereo-

anlage kostet also _____ €, Klaus hat schon

_____ € gespart.

3 Yannik möchte sich einen Computer kaufen. Der Händler sagt: „Auf den Preis von 990 € gebe ich dir 15 % Rabatt." Wie viel kostet der Computer jetzt und wie viel spart Yannik?

Gegeben: 990 €   ☐ G ☐ W ☐ p %   _____ %

Prozentsatz: ☐ vermehrt ☐ vermindert ☐ normal

Rechnung: _____

_____

Der Computer kostet jetzt _____ €. Yannik hat _____ € gespart.

4 Simone erzählt stolz: „Ich habe mein Fahrrad 10 % preiswerter bekommen. Ich habe 45 € gespart."
Die Freundin möchte wissen, wie viel das Fahrrad jetzt kostet. Das kannst du jetzt ausrechnen.

Rechnung: _____

Kreuze die richtige Antwort an: ☐ Simones Fahrrad hat vorher 450 € gekostet, jetzt kostet es 405 €.

☐ Simones Fahrrad hat vorher 500 € gekostet, jetzt kostet es 455 €.

☐ Simones Fahrrad hat vorher 495 € gekostet, jetzt kostet es 450 €.

5 Berechne jeweils die fehlende Größe. Finde das Lösungswort mithilfe der Lösungen auf den Kärtchen.

a) Grundpreis des Autos: 18 900 €. Hinzu kommen 19 % Mehrwertsteuer.

Gesamtpreis: _____ €.

Der Autohändler bietet 3 % Skonto bei Barzahlung: _____ €,

das Auto kostet damit _____ €.

b) Der Grundwert von 1200 kg wird vermehrt um 15 %. Neuer Wert: _____ kg

c) Erhöhung um ein Achtel. Preis nach der Erhöhung: 180 €. Preis vorher: _____ €

d) Erhöhung um ein Viertel. Preis vor der Erhöhung: 500 €. Preis nachher: _____ €

e) Auf die Möbel für das Kinderzimmer gibt es 20 % Rabatt.

Vorher kosteten sie 990 €, jetzt _____ €.

f) Die Möbel für das Kinderzimmer kosten jetzt 950,40 €.

Vorher betrug der Preis 1188 €, er wurde um _____ % reduziert.

g) Nach der Preissenkung kosten die Schlittschuhe 90 €, vorher 120 €.

Man spart _____ %.

792 | I
21 816,27 | C
574,37 | O
160 | N
21 345 | K
20 | E
22 491 | T
2435,15 | M
674,73 | H
25 | W
625 | H
1380 | A

Zinsrechnung (1)

1 a) Stefanie hat 400 € auf dem Sparbuch. Ergänze ihre Zinsberechnung (Zinssatz 1,2%).

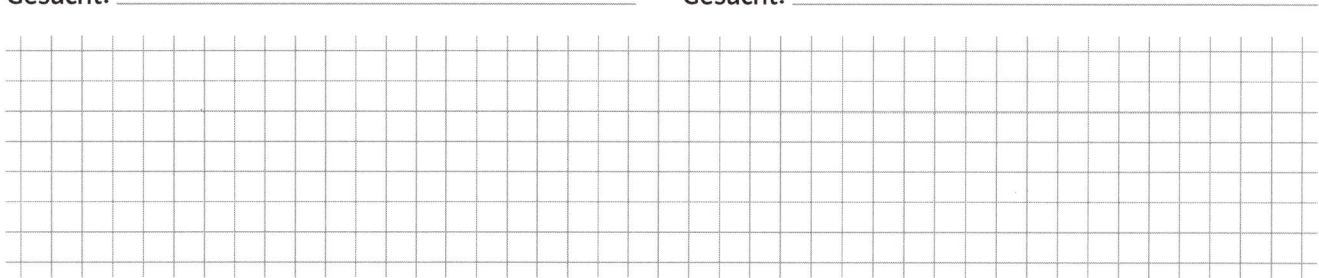

%	€
100	400
1	
1,2	

: 100

· 1,2

b) Thorsten hat auf seinem Sparbuch 800 €. Auch bei ihm beträgt der Zinssatz 1,2%. Er hat die Zinsen mit der Formel berechnet. Vervollständige die Rechnung.

Gegeben: K = _____ €; p% = _____ %

Gesucht: Z

Rechnung: _____

c) Thorstens Kapital ist _____ so hoch wie Stefanies Kapital. Bei gleichem Zinssatz hat Thorsten

_____ so viel Zinsen erzielt wie Stefanie.

2 a) Herr Friedrich muss für einen Kredit 210 € Zinsen im Jahr bezahlen. Der Zinssatz beträgt 7%.

Gegeben: _____

Gesucht: _____

b) Frau Schiller zahlt für ihren Kredit ebenfalls 210 € Zinsen. Ihr Überziehungs-Zinssatz: 14%. Berechne die Höhe des Kredits mit der Zinsformel.

Gegeben: _____

Gesucht: _____

c) Die Zinsen von Herrn Friedrich und Frau Schiller sind gleich groß. Der Zinssatz von Herrn Friedrich ist nur

_____ so hoch wie der von Frau Schiller, der Kredit ist _____ so hoch.

3 a) Jenny hat auf ihrem Sparbuch 520 €. Sie erhält nach einem Jahr 10,40 € Zinsen. Berechne den Zinssatz.

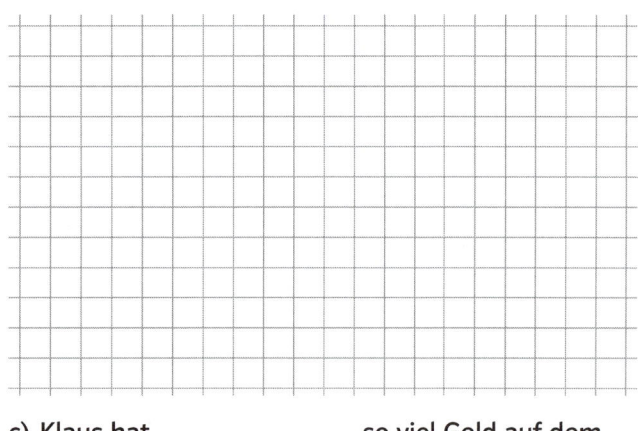

c) Klaus hat _____ so viel Geld auf dem

Sparbuch wie Jenny. Er erhält _____ mal so viel

Zinsen wie Jenny, da sein Zinssatz _____

so hoch wie der von Jenny ist.

b) Klaus hat 1040 €. Er erhält nach einem Jahr 41,60 € Zinsen. Berechne den Zinssatz.

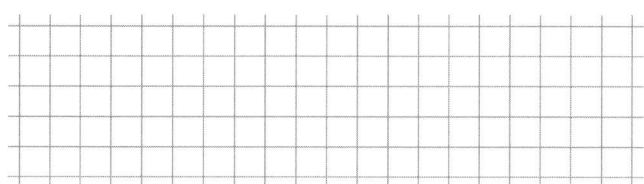

4 Berechne die fehlenden Werte.

	Kapital	Zinsen	Zinssatz
a)	3800 €	95,00 €	
b)	9500 €	118,75 €	
c)	3500 €		3%
d)	4300 €		6%
e)		52,20 €	9%
f)		502,50 €	7,5%

Schnittpunkt 8

Mathematik
Rheinland-Pfalz

Lösungen zum Arbeitsheft

Ausklammern. Ausmultiplizieren (1), Seite 3

1
b) Produkt: $A = n \cdot (n + 3)$;   Summe: $A = n^2 + 3n$

c) Produkt: $A = n \cdot (3n + 6)$;   Summe: $A = 3n^2 + 6n$

d) Produkt: $A = m \cdot (2m + 3n)$;   Summe: $A = 2m^2 + 3mn$

2

b) Produkt: $m \cdot (3n + 1)$;
Summe: $3mn + m$

c) Produkt: $2n \cdot (2m + n)$;
Summe: $4nm + 2n^2$

d) Produkt: $2{,}5n \cdot (4n + 1)$;
Summe: $10n^2 + 2{,}5n$

3
$2(x - 6) = 2x - 12$
$2y(x - 1{,}7) = 2xy - 3{,}4y$
$2x(2x - 1) = 4x^2 - 2x$
$4x(1 - y) = 4x - 4xy$
$4x^2(0{,}5 - y) = 2x^2 - 4x^2y$
$x^2(2 - y) = 2x^2 - x^2y$

4
a) $6x + 18y$ b) $14x^2 + 21xy$) $4{,}5 - 6xa$
d) $3y$; $-7x^2$ e) $4x + 2$ f) $2a$; 3
g) $-4 - y$ h) $2x - 12y$

5
a) $A = x \cdot (2x - 4) = 2x^2 - 4x$
b) $A = \frac{1}{2} \cdot (3c + 2 + c) \cdot h = 2ch + h$

Ausklammern. Ausmultiplizieren (2), Seite 4

1
a) $2 \cdot (7x + 4) = 14x + 8$
b) $3xy - 12x^2 = 3x \cdot (y - 4x)$
c) $-5 \cdot (5xy + 4x) = -25xy - 20x$
d) $(2xy^2z - 2xy) \cdot 3x = 6x^2y^2z - 6x^2y$
e) $21x^3y - 12x^2y^2 + 9x^2yz = (7x^2y - 4xy^2 + 3xyz) \cdot 3x$

2
Distributivgesetz wird angewendet.

Faktor	Term	Ergebnis
4	$4x - 8$	$4(x - 2)$
$2a$	$6a - 4a^2$	$2a(3 - 2a)$
-2	$8b + 12$	$-2(-4b - 6)$
$2x$	$4xy - 10x$	$2x(2y - 5)$

3

Term	umgeformter Term
$8a - 12b$	$4(2a - 3b)$
$14xy - 77x^2y + 21xy^2$	$7xy(2 - 11x + 3y)$
$-7nm + 3m$	$(-1)(7nm - 3m)$
$18x^2y + 12xy$	$6xy \cdot (3x + 2)$
$1{,}5x - 4xy + 2x^2y^2$	$\frac{1}{2}(3x - 8xy + 4x^2y^2)$

4
Produkt: $2 \cdot (2x \cdot \frac{1}{2}y + \frac{1}{2}y \cdot 6z + 2x \cdot 6z)$
Summe: $2xy + 24xz + 6yz$

5
Lösungswort: TERME

6
a) $\frac{6 \cdot (4x + y)}{6} = 4x + y$

b) $\frac{13 \cdot (-13y + x)}{13} = -y + x$

c) $\frac{2 \cdot (x - 8y)}{2} = x - 8y$

d) $\frac{-11xy \cdot (11x + 6y)}{11} = -xy (11x + 6y)$

Multiplizieren von Summen, Seite 5

1

a) Produkt: $(a + b) \cdot (c + d)$;   Summe: $ac + ad + bc + bd$

b) Produkt: $(a + b) \cdot (a + c)$;   Summe: $a^2 + ac + ab + bc$

c) Produkt: $(a + 2b) \cdot (a + \frac{1}{2}c)$; Summe: $a^2 + \frac{1}{2}ac + bc + 2ba$

2

a) $xy - 7x + 4y - 28$ b) $2xy - py - 2xq + pq$

c) $-16ab - 40b + 24a + 60$

3

Die rechte Seite wird jeweils so umgeformt:

a) $36a \cdot (1 - 2b)$ b) $2 \cdot (4x + 14y)$

b) $(xy - 12x) \cdot 9y$ d) $(3x - 4) \cdot (x + 3)$

e) $(4a + 2) \cdot (b - 4)$ f) $(7x - 3) \cdot (x + 5)$

4

a) Statt $31x$ steht $\frac{26}{3}x$.

b) Statt $\frac{15}{35}a^2$ steht $\frac{5}{7}a^2$.

c) Dieses Ergebnis ist richtig.

d) Richtig ist: $\frac{1}{6}x^2 - \frac{13}{6}xy + 5y^2$

5

a) $(3{,}7 + y) \cdot (7 + 2) = 9 \cdot (3{,}7 + y)$ b) $(xy - z) \cdot (3 - 4z)$

c) $(x^2 + 2x) \cdot (4 + 5y)$ d) $(x^2y - 5) \cdot (3a - b)$

e) $(2x - y) \cdot (2x + y)$ f) $2 \cdot (ax + b) \cdot (1 - 2b) + 0{,}5a$

6

a) $(4x + 3y) \cdot (x + 6) = 4x^2 + 3xy + 24x + 18y$

b) $(8 + x) \cdot (8 - x) = 64 - x^2$

Binomische Formeln (1), Seite 6

1

☐ = blau   ■ = gelb   ☐ = grün

a) $(a + b)^2 = a^2 + 2ab + b^2$

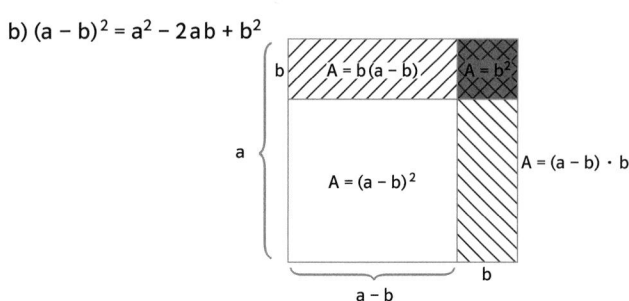

b) $(a - b)^2 = a^2 - 2ab + b^2$

c) $(a + b) \cdot (a - b) = a^2 - b^2$

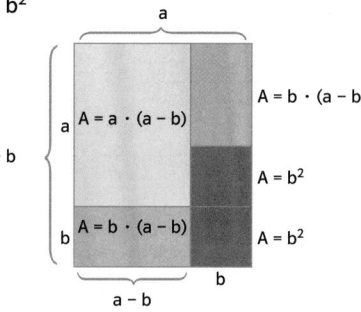

2

a) $v^2 - 2vx + x^2$ b) $x^2 + 2xy + y^2$

c) $n^2 - m^2$ d) $p^2 - 4pq + 4q^2$

e) $4b^2 + 4bc + c^2$ f) $\frac{1}{4}a^2 + ab + b^2$

g) $9x^2 + 42xy + 49y^2$ h) $4a^2 - 12ab + 9b^2$

i) $4a^2 - 9b^2$ j) $16a^2 - b^2$

3

a)

$(a + b)^2$	a^2	b^2	$2ab$	$a^2 + 2ab + b^2$
$(2n + 3y)^2$	$4n^2$	$9y^2$	$12ny$	$4n^2 + 12ny + 9y^2$
$(3m + 5)^2$	$9m^2$	25	$30m$	$9m^3 + 30m + 25$
$(-2x + 6y)^2$	$4x^2$	$36y^2$	$-24xy$	$4x^2 - 24xy + 36y^2$

b)

$(a - b)^2$	a^2	b^2	$2ab$	$a^2 - 2ab + b^2$
$(0{,}3x - 3y)^2$	$0{,}09x^2$	$9y^2$	$1{,}8xy$	$0{,}09x^2 - 1{,}8xy + 9y^2$
$(2{,}5m - 0{,}1)^2$	$6{,}25m^2$	$0{,}01$	$0{,}5m$	$6{,}25m^2 - 0{,}5m + 0{,}01$

4

a) $(x + y)^2 = x^2 + 2xy + y^2$

b) $(x + 3y)^2 = x^2 + 6xy + 9y^2$

c) $(2x - 5y) \cdot (2x + 5y) = 4x^2 - 25y^2$

d) $(x - 2y)^2 = x^2 - 4xy + 4y^2$

e) $(3x - 7y)^2 = 9x^2 - 42xy + 49y^2$

f) $(2x + 13y)^2 = 4x^2 + 52xy + 169y^2$

Binomische Formeln (2), Seite 7

1

$4x^2 + 4xy + y^2 = (2x + y)^2$

$9a^2 - 24ab + 16b^2 = (3a - 4b)^2$

$x^2 + 6bx + 9b^2 = (x + 3b)^2$

$25y^2 + 2{,}5xy + \frac{1}{16}x^2 = \left(5y + \frac{1}{4}x\right)^2$

$16x^2 - 16xy + 4y^2 = (4x - 2y)^2$

2

b)

·	$2x$	$3y$
$2x$	$4x^2$	$6xy$
$3y$	$6xy$	$9y^2$

c)

·	2x	y
2x	$4x^2$	$2xy$
−y	$-2xy$	$-y^2$

3

b) Statt $2x^2$ steht $4x^2$.   c) Statt $-a^2$ steht $+a^2$.
d) Statt $0,01y$ steht $0,0001y^2$.   e) Statt $49x$ steht 49.
f) Statt $-28y^2$ steht $-56xy$.   g) Statt $-126x$ steht $-144x$.
h) Statt $-12xy$ steht $-12xy^2$.   i) Statt $-8c^2$ steht $-16c^2$.
j) Statt $96xyz^2$ steht $-96xyz^2$.

4

a) $(40+3)^2 = 1600 + 240 + 9 = 1849$
b) $(80-1)^2 = 6400 - 160 + 1 = 6241$
c) $(40+2)(40-2) = 1600 - 4 = 1596$
d) $(60-3)(60+3) = 3600 - 9 = 3591$
e) $(90+1)^2 = 8100 + 180 + 1 = 8281$
f) $(80+1)(80-1) = 6400 - 1 = 6399$
g) $(20-8)(20+8) = 400 - 64 = 336$
h) $(40-1)^2 = 1600 - 80 + 1 = 1521$
i) $(4-0,2)(4+0,2) = 16 - 0,04 = 15,96$

Faktorisieren mit binomischen Formeln, Seite 8

1

a) $81x^2 - 18x + 1 = (9x - 1)^2$ b) $36 + 120 + 100 = (6 + 10)^2$
c) $9x^2 + 60x + 100 = (3x + 10)^2$ d) $100x^2 - 40x + 4 = (10x - 2)^2$
e) $4x^2 + 28x + 49 = (2x + 7)^2$ f) $x^2 - 16x + 64 = (x - 8)^2$

2

a) $(a - 2b)^2$ b) $(2x + 5)^2$
c) $(6n + 1)(6n - 1)$ d) $(30m + 80n)(30m - 80n)$
e) $(3b + c)^2$ f) $\left(x - \frac{1}{2}y\right)^2$
g) $(7 + b)(7 - b)$
i) $(v + 9u)^2$ h) $\left(\frac{1}{3}x + \frac{1}{2}\right)\left(\frac{1}{3}x - \frac{1}{2}\right)$

3

Summe	a	b	Produkt
a) $4n^2 - 4nm + m^2$	$2n$	m	$(2n - m)^2$
b) $81x^2 + 36xy + 4y^2$	$9x$	$2y$	$(9x + 2y)^2$
c) $36x^2 - 12xy + y^2$	$6x$	y	$(6x - y)^2$
d) $25n^2 - 0,25m^2$	$5n$	$0,5m$	$(5n + 0,5m)(5n - 0,5m)$
e) $0,01n^2 + 0,2n + 1$	$0,1n$	1	$(0,1n + 1)^2$
f) $121 + 66x + 9x^2$	11	$3x$	$(11 + 3x)^2$
g) $225x^2 - 120xy + 16y^2$	$15x$	$4y$	$(15x - 4y)^2$

4

a) $5 \cdot (4x^2 - 4x + 1) = 5 \cdot (2x - 1)^2$
b) $50 \cdot (a^2 - 4a + 4) = 50 \cdot (a - 2)^2$
c) $0,5 \cdot (36a^2 - 12ab + b^2) = 0,5 \cdot (6a - b)^2$
d) $2 \cdot (64x^2 - 49y^2) = 2 \cdot (8x + 7y)(8x - 7y)$

5

Folgende Terme lassen sich mithilfe der binomischen Formeln nicht faktorisieren:

$x^2 - 4xy + y^2$ (R) $100a^2 - 24ba + b^2$ (A)
$4a^2 - 17a + 72$ (F) $16x^2 - 10x + 1$ (F)
$81x^2 - 32x + 4$ (I) $x^2 + 6x + 1$ (N)
$49x^2 + 26x + 4$ (I) $18x^2 - 56x + 49$ (E)
$25x^2 - 70x + 64$ (R) $x^2 + 12x + 25$ (T)
Lösungswort: RAFFINIERT

Rechnen mit Termen | Merkzettel, Seite 9

■ **Text:** Faktorisieren
Beispiele: $4 \cdot 2,5 + 4 \cdot x = 10 + 4x$
$2x \cdot (y + 3) = 2xy + 2x \cdot 3 = 2xy + 6x$
$-5y - 5x$ $-2c + 2d$ $2x - x + y = x + y$
$3 \cdot y + 3 \cdot 5 + x \cdot y + x \cdot 5 = 3y + 5y + xy + 15$
$2n \cdot 4n - 2n \cdot m - 3 \cdot 4n + 3 \cdot m = 6nm - 12n + 3m$
$(n + 3) \cdot (3m + 2) = n \cdot 3m + 3 \cdot 3m + n \cdot 2 + 3 \cdot 2$
$= 3nm + 9m + 2n + 6$

■ **Text:** $a^2 - 2ab + b^2$ $a^2 - b^2$
Beispiele: $16x^2 + 24xy + 9y^2$ $36 - 24y + 4y^2$
$z^2 - (2a)^2 = z^2 - 4a^2$ $(5a + 3b)^2$
$3^2 - (4x)^2 = (3 + 4x)(3 - 4x)$ $(4n - 5m)^2$

Gleichungen mit Klammern, Seite 10

1

b) $3(4x - 11) + 12 = 83 - (x + 3)$ | (ausmultiplizieren)
$12x - 33 + 12 = 83 - 8x - 24$ | (zusammenfassen)
$12x - 21 = 59 - 8x$ | $+ 8x + 21$
$20x = 80$ | $: 20$
$x = 4$; $L = \{4\}$
Probe, linker Term: $3 \cdot (4 \cdot 4 - 11) + 12 = 27$
rechter Term: $83 - 8 \cdot (4 + 3) = 27$
c) $2(x - 12) = -41 + 4(4x - 1)$ | (ausmultiplizieren)
$2x - 24 = -41 + 16x - 4$ | (zusammenfassen)
$2x - 24 = 16x - 45$ | $- 2x + 45$
$21 = 14x$ | $: 14$
$x = 1,5$; $L = \{1,5\}$
Probe, linker Term: $2 \cdot 1,5 - 24 = 3 - 24 = -21$
rechter Term: $-41 + 16 \cdot 1,5 - 4 = -45 + 24 = -21$
d) $(x - 7) \cdot (x + 5) = (x - 3)^2$ | (ausmultiplizieren)
$x^2 - 7x + 5x - 35 = x^2 - 6x + 9$ | (zusammenfassen)
$x^2 - 2x - 35 = x^2 - 6x + 9$ | $- x^2$ | $+ 6x$ | $+ 35$
$4x = 44$ | $: 4$
$x = 11$; $L = \{11\}$
Probe, linker Term: $(11 - 7) \cdot (11 + 5) = 64$
rechter Term: $(11 - 3)^2 = 64$

2

Die Lösungen sind der Reihe nach von oben nach unten
5; 3; -4; -9; $1,2$; -6; $2,25$; $-0,5$.
Das Lösungswort lautet MOTORRAD.

Ungleichungen, Seite 11

1

a) $\mathbb{G} = \mathbb{Q}$; $\mathbb{L} = \{x \mid x \geqq -1\}$; z.B. $x + 2 > 1$; $x - 4 > -5$

b) $\mathbb{G} = \mathbb{Z}$; $\mathbb{L} = \{x \mid x \leqq 3\}$; z.B. $x + 4 \leqq 7$; $2x \leqq 6$

c) $\mathbb{G} = \mathbb{Q}$; $\mathbb{L} = \{x \mid x > a\}$; z.B. $2 \cdot (x - a) > 0$; $3x + 5a > 8a$

2

a) $x \geqq -7$; $\mathbb{L} = \{x \mid x \geqq -7\}$

b) $5 - x > 17$ $\mid -5$

$-x > 12$ $\mid \cdot (-1)$

$x < -12$; $\mathbb{L} = \{x \mid x < -12\}$

c) $\frac{1}{2} - x < 14{,}5$ $\mid -\frac{1}{2}$

$-x < 14$ $\mid \cdot (-1)$

$x > -14$; $\mathbb{L} = \{x \mid x > -14\}$

d) $8x + 2 > 7 + 7x$ $\mid -7x$

$x + 2 > 7$ $\mid -2$

$x > 5$; $\mathbb{L} = \{x \mid x > 5\}$

e) $\frac{1}{2}(x - 12) \leqq \frac{x}{4} - 2$

$\frac{1}{2}x - 6 \leqq \frac{x}{4} - 2$ $\mid -\frac{x}{4} \mid + 6$

$\frac{1}{4}x \leqq 4$ $\mid \cdot 4$

$x \leqq 16$; $\mathbb{L} = \{x \mid x \leqq 16\}$

f) $15 - 2x \geqq 1 - x$ $\mid +x$

$15 - x \geqq 1$ $\mid -15$

$-x \geqq -14$ $\mid \cdot (-1)$

$x \leqq 14$; $\mathbb{L} = \{x \mid x \leqq 14\}$

3

a) $12 \cdot a \leqq 240\,\text{cm}$ $a \leqq 20\,\text{cm}$

$\mathbb{G} = \mathbb{Q}^+$; $\mathbb{L} = \{a \mid 0 < a \leqq 20\}$

b) $6a + 3 \cdot 20\,\text{cm} \leqq 240\,\text{cm}$ $a \leqq 30\,\text{cm}$

$\mathbb{G} = \mathbb{Q}^+$; $\mathbb{L} = \{a \mid 0 < a \leqq 30\}$

c) $96\,\text{cm} + 16a \leqq 240\,\text{cm}$ $a \leqq 9\,\text{cm}$

$\mathbb{G} = \mathbb{Q}^+$; $\mathbb{L} = \{a \mid 0 < a \leqq 9\}$

Hinweis: $\mathbb{Q}^+$ steht für die Menge der positiven rationalen Zahlen, in diesem Fall sogar ohne die 0, weil es sonst für die Realsituation unsinnig wäre.

4

a) Es soll gelten: $x + (x + 1) + (x + 2) < 147$ bzw. $3x + 3 < 147$. Daraus folgt $x < 48$.

b) $\mathbb{G} = \mathbb{Z}$; $\mathbb{L} = \{n \in \mathbb{Z} \mid n < 48\}$

Formeln (1), Seite 12

1

a) (1) Notiere die passende Formel.

(2) Löse die Formel nach der gesuchten Variablen auf.

(3) Setze die Werte ein und berechne.

(4) Notiere die Antwort.

b) 1. Schritt: $v = \frac{s}{t}$

2. Schritt: $t = \frac{s}{v}$

3. Schritt: $t = \frac{45\,\text{km}}{18\,\frac{\text{km}}{\text{h}}} = 2{,}5\,\text{h}$

4. Schritt: Die Fahrzeit beträgt 2,5 Stunden.

2

a) $A = a \cdot \frac{b}{2}$; $a = \frac{2A}{b}$; $b = \frac{2A}{a}$

b) $A = (2a + 1)b = 2ab + b$;

$a = \frac{A - b}{2b}$; $b = \frac{A}{2a + 1}$

3

a) $\eta = \frac{E_2}{E_1} \cdot 100\,\% = \frac{240\,\text{J}}{1200\,\text{J}} \cdot 100\,\% = 20\,\%$

Das „Gerät" könnte ein Auto sein.

b) $E_1 = \frac{E_2}{\eta} \cdot 100\,\% = \frac{120\,000\,\text{kJ} \cdot 100\,\%}{98\,\%} \approx 122\,448{,}98\,\text{kJ}$

Die Energie von etwa $122\,449\,\text{kJ}$ muss also zugeführt werden.

c) $E_2 = \frac{\eta \cdot E_1}{100\,\%} = \frac{5\,\% \cdot 1250\,\text{J}}{100\,\%} = 62{,}5\,\text{J}$

Die Glühbirne gibt wieder $62{,}5\,\text{J}$ ab.

Formeln (2), Seite 13

1

a) Folgende Aussagen kann man aus den Angaben der Formeln schließen:

– Mädchen werden im Durchschnitt immer kleiner als ihre Brüder.

– Jungen sind als Erwachsene immer größer als ihre Schwestern.

– Jungen sind manchmal kleiner als der Vater (z. B. wenn die Mutter viel kleiner als der Vater ist).

b) Tochter: $l_{\text{Mä}} = \frac{174\,\text{cm} + 187\,\text{cm}}{2} - 6{,}5\,\text{cm} = 174\,\text{cm}$

Sohn: $l_{\text{Ju}} = \frac{174\,\text{cm} + 187\,\text{cm}}{2} + 6{,}5\,\text{cm} = 187\,\text{cm}$

c) $l_{\text{Ju}} = \frac{l_{\text{Va}} + l_{\text{Mu}}}{2} + 6{,}5\,\text{cm}$

Auflösen der Gleichung nach l_{Mu} ergibt:

$l_{\text{Mu}} = 2 \cdot (l_{\text{Ju}} - 6{,}5\,\text{cm}) - l_{\text{Va}} = 2(186\,\text{cm} - 6{,}5\,\text{cm}) - 187\,\text{cm} = 172\,\text{cm}$

Nach der Formel muss die Mutter 1,72 m groß sein.

2

a) $e = 14$; $f = 9$; $k = 21$

Es gilt $e + f = 23 = k + 2$.

b) Die Anzahl der Kanten des Körpers beträgt:

$k = e + f - 2 = 12 + 8 - 2 = 18$.

Der Körper könnte ein Sechseckprisma sein.

3

a) $G = \frac{P \cdot t}{h \cdot n} = \frac{132\,\text{Watt} \cdot 15\,\text{s}}{0,2\,\text{m} \cdot 22} = 450\,\text{N}$

b) $h = \frac{P \cdot t}{G \cdot n} = \frac{200\,\text{Watt} \cdot 15\,\text{s}}{450\,\text{N} \cdot 22} = 0,303\,\text{m}$

Die Treppenstufen müssten etwa 30,3 cm hoch sein.

Formeln – Textaufgaben, Seite 14

1

1. Schritt (Variablen benennen):
normale Zeit t; Einheit: min
Schulweglänge s; Einheit: km

2. Schritt (Gleichung aufstellen):

$v = \frac{\frac{4}{5}s}{t} = \frac{s}{t+2}$ bzw. $\frac{4s}{5t} = \frac{s}{t+2}$

3. Schritt (Gleichung lösen):

$\frac{4s}{5t} = \frac{s}{t+2}$ $\qquad$ $| : s$ $\quad | \cdot 5t(t+2)$

$4(t+2) = 5t$ $\qquad$ $|$ Termumformung

$4t + 8 = 5t$ $\qquad$ $| - 4t$

$t = 8$

4. Schritt (Ergebnis prüfen):

$\frac{4s}{5 \cdot 8} = \frac{s}{8+2}$ bzw. $\frac{4}{40} = \frac{1}{10}$

5. Schritt (Antwortsatz):
Martin braucht normalerweise 8 Minuten für den Schulweg.

2

a)

Füllung (in m³)	Zeit Pumpe A (in h)	Zeit Pumpe B (in h)
2000	0	0
1500	2	1
1000	4	2
500	6	3
0	8	4

b) und c)

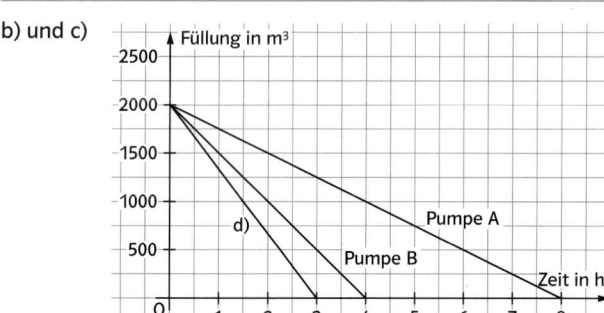

d) Pumpe B schafft pro Stunde 500 m³, das sind 500 000 l.
Pumpe A schafft pro Stunde 250 m³, das sind 250 000 l.
Während der ersten Stunde werden mit Pumpe B 500 m³
abgepumpt. Somit bleiben am Ende der ersten Stunde 1500 m³
zum Abpumpen übrig. Da die beiden Pumpen zusammen
750 m³ pro Stunde schaffen, ist der Rest in weiteren zwei
Stunden abgepumpt. Somit ist das Bad nach drei Stunden leer
gepumpt (s. Graph d) im Schaubild oben).

3

a) Fahrzeit Herr Schlau: x − 2
Wege für Herrn Klug: 60x; für Herrn Schlau: 80 · (x − 2)
Zusammen nach x Stunden: 60x + 80 · (x − 2)
Gleichung: 60x + 80 · (x − 2) = 540
x = 5
Herr Klug fährt 5 Stunden. Sie treffen sich um 13 Uhr.
b) Herr Schlau hat 240 km zurückgelegt.

Gleichungen. Ungleichungen | Merkzettel, Seite 15

■ **Beispiele:** $x^2 + 2x + 1 - x^2 - 1 + 4x = -40 - 4x$

$\qquad\qquad\qquad 2x + 4x = -40 - 4x \qquad | + 4x$

$\qquad\qquad\qquad\qquad\qquad 10x = -40 \qquad | : 10$

$\mathbb{L} = \{-4\}$ $\qquad\qquad\qquad x = -4$

linker Term	rechter Term
$(-4)^2 + 2(-4) + 1 - (-4)^2 - 1 + 4(-4)$	$-4(10-4)$
$16 - 8 + 1 - 16 - 1 - 16$	$-40 + 16$
-24	-24

$\mathbb{L} = \{\ \}$

■ **Text:** negative
Beispiele: $4x - 1 < +7$ $\quad | + 1$

$\qquad\qquad\qquad x < 2$

$\mathbb{L} = \{1;\ 0;\ -1;\ -2;\ \ldots\}$

$x > -3$

■ **Text:** Zahlen
Beispiele: $h = \frac{2A}{g}$ $\qquad$ h $\qquad$ A, g

Quadrat und Rechteck, Seite 16

1

a) $u = 26\,\text{m};\quad A = 28\,\text{m}^2$ $\qquad$ b) $u = 22\,\text{m};\quad A = 16\,\text{m}^2$
c) $u = 8,8\,\text{m};\quad A = 3,2\,\text{m}^2$
d) $u = 22 \cdot 0,5\,\text{m} = 11\,\text{m};\quad A = 16 \cdot 0,5\,\text{m}^2 = 8\,\text{m}^2$

2

	a)	b)	c)	d)
a	5,5 cm	2,3 cm	20 m	7,2 cm
b	5,5 cm	9 cm	0,08 km	10,6 cm
u	22 cm	22,6 cm	200 m	3,56 dm
A	30,25 cm²	20,7 cm²	1600 m²	76,32 cm²

3

a) Fläche für gelbe Farbe:
$(2 \cdot 4\,\text{m} + 2 \cdot 4,50\,\text{m} - 2 \cdot 1\,\text{m}) \cdot 0,3\,\text{m} = 4,5\,\text{m}^2$
Orange Fläche:
$(2 \cdot 4\,\text{m} + 2 \cdot 4,50\,\text{m}) \cdot 2,50\,\text{m} - 1,5\,\text{m}^2 - 2 \cdot 2\,\text{m}^2 - 4,5\,\text{m}^2 = 32,5\,\text{m}^2$
(von der gesamten Wandfläche des Zimmers werden die
Flächen des Fensters, der beiden Türen und des gelben
Streifens abgezogen).

b) Laminat für Tobis und Lenes Zimmer:
4,50 m · 4 m + 5 m · 3,50 m = 35,5 m²
Fußleisten (hier müssen alle Türen abgezogen werden):
(4 m + 4,50 m + 3 m + 3,50) + (5 m + 3,50 m + 4 m + 2,50 m) = 30 m

4

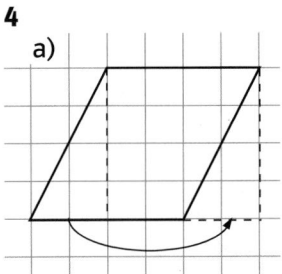

a) A = 2 cm · 2 cm = 4 cm²

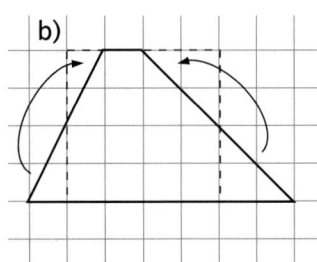

b) A = 2 cm · 2 cm = 4 cm²

Parallelogramm und Raute, Seite 17

1

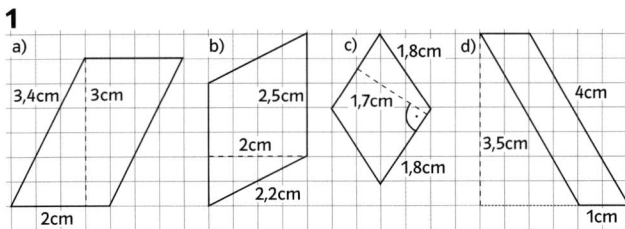

a) A = 6 cm²;   u = 10,6 cm
b) A = 5 cm²;   u = 8,4 cm
c) A = 2,89 cm²;   u = 7,2 cm
d) A = 3,5 cm²;   u = 10 cm

2
a)

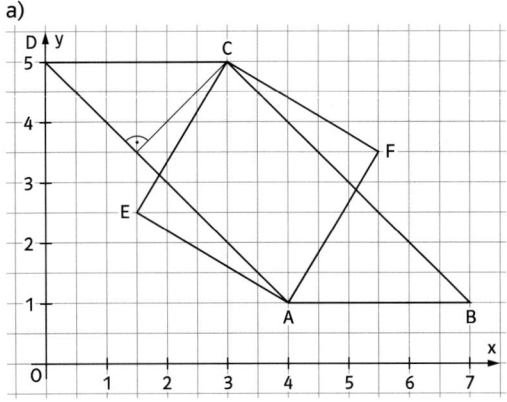

b) A = 5,7 cm · 2,1 cm = 11,97 cm²
c) u ≈ 2 · (3 cm + 5,7 cm) = 17,4 cm
d) h_B ≈ 2,1 cm   e) F(5,5 | 3,5)

3
a) 2 · (3 m · 1,4 m + 3 m · 2,6 m + 3 m · 1,2 m) = 31,20 m²
b) Ein Eimer vom preiswerteren Angebot reicht nur für 29,4 m².
Ein Eimer vom teureren Angebot reicht für 33,3 m².
Vom preiswerteren Angebot benötigt er 2 Eimer zum Gesamtpreis von 29,98 €, vom teureren Angebot reicht ihm ein Eimer
für 16,99 €.

4

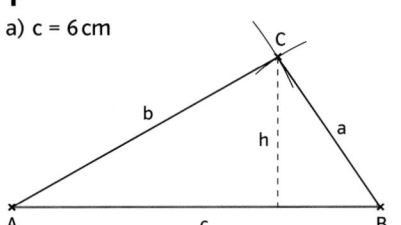

	a	b	h_a	h_b	u	A
a)	25 cm	15 cm	3,6 cm	6 cm	80 cm	90 cm²
b)	10 m	15 m	12 m	8 m	50 m	120 m²
c)	18 dm	22 dm	7 dm	5,73 dm	80 dm	126 dm²

Dreieck (1), Seite 18

1
a) c = 6 cm

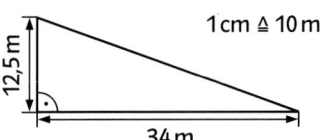

b) A = $\frac{1}{2}$ · 6 · 2,5 cm² = 7,5 cm²;   u = 14 cm

2
a) A = $\frac{1}{2}$ · 4 cm · 2,5 cm = 5 cm²
u = 4 cm + 3,5 cm + 2,9 cm = 10,4 cm
b) A = $\frac{1}{2}$ · 3,5 cm · 2 cm = 3,5 cm²
u = 3,5 cm + 2 cm + 4,1 cm = 9,6 cm
c) A = $\frac{1}{2}$ · 3,5 cm · 2,5 cm = 4,375 cm²
u = 3,5 cm + 2,7 cm + 5,2 cm = 11,4 cm

3
a) A_{Paul} = $\frac{1}{2}$ · 17 m · 25 m = 212,5 m²
b) Die Breite von Julias Grundstück beträgt $\frac{212,5 m²}{34 m}$ · 2 = 12,5 m.

4
Jeder Drachen kann in zwei gleich große Dreiecke zerlegt
werden.
Tobias: A_1 = $\frac{1}{2}$ · 80 cm · 30 cm = 1200 cm²; A_2 = 1200 cm²;
A = A_1 + A_2 = 2400 cm²
Dominic: A_3 = $\frac{1}{2}$ · 40 cm · 50 cm = 1000 cm²; A_4 = 1000 cm²;
A = A_3 + A_4 = 2000 cm²
Den größeren Drachen hat Tobias.

Dreieck (2), Seite 19

1
a) A = 3000 cm²
b) Länge: (2 · 1,8 cm + 2 · 3,6 cm) · 20 + 10 = 226 cm

2

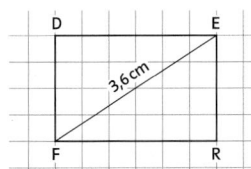

Man misst $\overline{FE}$ = 3,6 cm.
Fläche des Dreiecks FEI: $\frac{1}{2}$ · 3,6 cm · 1,5 cm = 2,7 cm²

3

1. Schritt: Seitenlänge der Häuserfront berechnen: 8,32 m
(Da 5 Platten 5,20 m lang sind, ist eine Platte 1,04 m lang.)
2. Schritt: Größe des Segels berechnen:

$\frac{1}{2}$ · 8,32 m · 5,20 m = 21,632 m²

3. Schritt: den zu erwartenden Verschnitt addieren:
0,05 · 21,632 m² ≈ 1,08 m²
4. Schritt: Preis des Materials berechnen:
(21,632 m² + 1,08 m²) · 54,95 €/m² = 1248,10 €
Frau Winterhagen muss also mit Kosten in Höhe von 1248,10 €
rechnen.

4

a) e = 3 cm   f = 2 cm   A = 3 cm²
b) e = 3 cm   f = 2,5 cm   A = 3,75 cm²
c) e = 4,5 cm   f = 3 cm   A = 6,75 cm²

Trapez, Seite 20

1

a) und b)

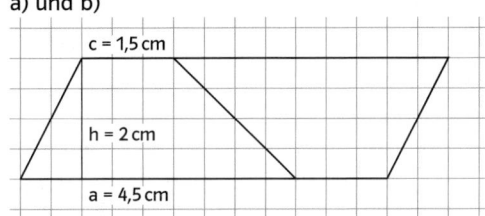

c) A_p = (4,5 cm + 1,5 cm) · 2 cm = 12 cm²

d) Das Trapez ist halb so groß wie das Parallelogramm.
A_T = $\frac{1}{2}$ (4,5 cm + 1,5 cm) · 2 cm = 6 cm²
e) A_T = $\frac{1}{2}$ · (a + c) · h

2

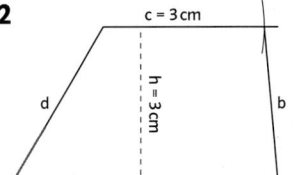

$h = \frac{2 \cdot 12\,cm^2}{5\,cm + 3\,cm}$;

h = 3 cm;

b = 3 cm;

d = 3,5 cm

3

a) A = $\frac{1}{2}$ · (7 cm + 3 cm) · 2,5 cm = 12,5 cm²

u = 7 cm + 3 cm + 2 · 3,3 cm = 16,6 cm
b) A = 12,5 cm²; u = 15,2 cm
c) A = 7,5 cm²; u = 12,3 cm

4

a) $A_{Dreieck}$ = 3,91 m² A_{Trapez} = 29,24 m² A_{gesamt} = 33,15 m²

b) $A_{Fenster}$ = 3,75 m² $A_{Giebelfläche}$ = 29,40 m²

c) Preis = 882 €

Vielecke, Seite 21

1

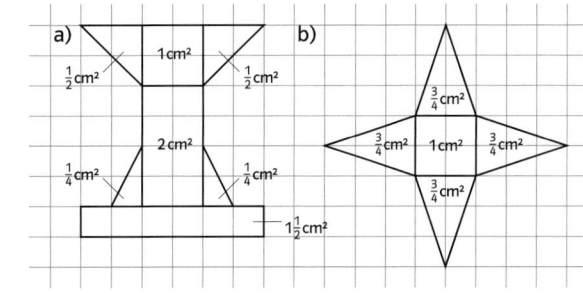

a) A = 6 cm²   b) A = 4 cm²

2

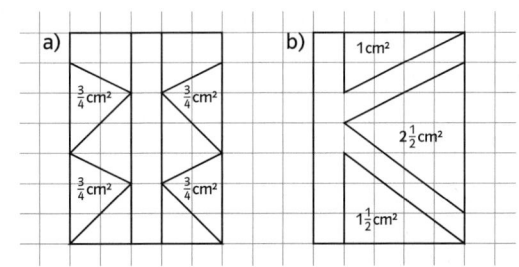

a) A = 5,75 cm²   b) A = 3,75 cm²

3

a) A = 47,25 m²   b) Minimale Kosten: 479,52 €

4

a)

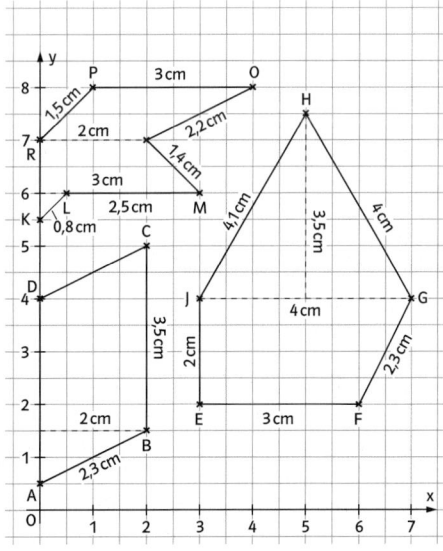

b) $A_1 = 3{,}5\,\text{cm} \cdot 2\,\text{cm} = 7\,\text{cm}^2$

$A_2 = \frac{1}{2}(3 + 4)\,\text{cm} \cdot 2\,\text{cm} + \frac{1}{2} \cdot 4\,\text{cm} \cdot 3{,}5\,\text{cm}$

$= 7\,\text{cm}^2 + 7\,\text{cm}^2 = 14\,\text{cm}^2$

$A_3 = \frac{1}{2} \cdot 0{,}5\,\text{cm}^2 + \frac{1}{2}(3 + 2)\,\text{cm} \cdot 1\,\text{cm} + \frac{1}{2}(2 + 3)\,\text{cm} \cdot 1\,\text{cm}$

$= 0{,}25\,\text{cm}^2 + 2{,}5\,\text{cm}^2 + 2{,}5\,\text{cm}^2 = 5{,}25\,\text{cm}^2$

c) $u_1 = 11{,}6\,\text{cm};\quad u_2 = 15{,}4\,\text{cm}\;;\quad u_3 = 12{,}9\,\text{cm}$

Kreisumfang, Seite 22

1

a) 28,26 cm   b) $3{,}14 \cdot 3\,\text{cm} = 9{,}42\,\text{cm}$
c) $3{,}14 \cdot 1{,}5\,\text{m} = 4{,}71\,\text{m}$

2

b) 94 mm   c) 126 mm   d) 157 mm

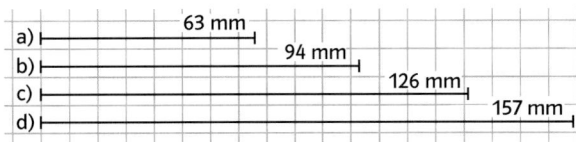

3

Der Durchmesser der Pizza ist ungefähr 31,85 cm.
Die Jumbo Pizza hat einen Umfang von ungefähr 1,13 m.

4

Der Durchmesser der Erde beträgt ungefähr 12 738 853,5 m.
Die Länge des Seils ist 40 000 001 m, daraus ergibt sich ein
Durchmesser von ungefähr 12 738 853,8 m.
Antwort:
Der Abstand des Seils vom Boden beträgt ca. 15 cm.

Kreisfläche, Seite 23

1

	a)	b)	c)
Radius	5 m	4 km	0,5 m
Durchmesser	10 m	8 km	1 m
Flächeninhalt	78,50 m²	50,24 km²	0,79 m²

2

Gemessener Durchmesser ca. 19 mm (Radius: 8,5 mm)
Der Flächeninhalt beträgt ca. 2,3 cm².

3

Der Flächeninhalt beträgt etwa 200 cm².

4

Kleine Pizza: 23,55 cm² pro Krone
Große Pizza: 31,40 cm² pro Krone

5

Die große Springform ist etwa doppelt so groß wie die kleine,
die Mengen können also verdoppelt werden.

6

Die Differenz der Flächeninhalte beträgt ungefähr 100 mm².

Umfang und Flächeninhalt | Merkzettel, Seite 24

■ **Text:** Produkt; Umfang; gleich
Beispiele: $A = 4\,\text{cm} \cdot 2{,}4\,\text{cm} = 9{,}6\,\text{cm}^2$
$u = 2 \cdot (4 + 2{,}4)\,\text{cm} = 12{,}8\,\text{cm}$

■ **Text:** Höhe; gleich
Beispiele: $A = 4\,\text{cm} \cdot 3\,\text{cm} = 12\,\text{cm}^2$

■ **Text:** halben; recht; Umfang
Beispiele: $A = \frac{1}{2} \cdot 6\,\text{cm} \cdot 4\,\text{cm} = 12\,\text{cm}^2$

■ **Text:** Längen
Beispiele: $A = \frac{1}{2} \cdot (5 + 2)\,\text{cm} \cdot 4\,\text{cm} = 14\,\text{cm}^2$

■ **Text:** umfang

■ **Text:** Durchmesser

■ **Text:** Radius
Beispiele: $r = 3\,\text{cm}$
$A = 3{,}14 \cdot (3\,\text{cm})^2 = 28{,}26\,\text{cm}^2$ $u = 3{,}14 \cdot 6\,\text{cm} = 18{,}84\,\text{cm}$

Kreis	Fläche A	Umfang u
r = 2 cm d = 4 cm	12,56 cm²	12,56 cm
r = 5 cm d = 10 cm	78,5 cm²	31,4 cm
r = 1 m d = 2 m	3,14 m²	6,28 m

Üben und Wiederholen | Training 1, Seite 25

1

a) Produkt: $2 \cdot (6z \cdot 2x + 6z \cdot \frac{1}{2}y) = 6(4zx + zy)$

Summe: $2 \cdot 6z \cdot 2x + 2 \cdot 6z \cdot \frac{1}{2}y = 24zx + 6zy$

b) Produkt: $6 \cdot \frac{1}{2} \cdot 3x \cdot 4y = 36xy$

Summe: $6xy + 6xy + 6xy + 6xy + 6xy + 6xy$

2

·	(y – 4)	(4xy + x)
(2y – 2)	$2y^2 - 10y + 8$	$8xy^2 - 6xy - 2x$
(5x + 3y)	$5xy + 3y^2 - 20x - 12y$	$20x^2y + 12xy^2 + 5x^2 + 3xy$

·	(2xy + 3y + 2)
(2y − 2)	$4xy^2 − 4xy + 6y^2 − 2y − 4$
(5x + 3y)	$10x^2y + 6xy^2 + 15xy + 9y^2 + 10x + 6y$

3

a) $18x − (7 + 12x) = 2 + (5x − 8)$ | (Termumformung)
$18x − 7 − 12x = 2 + 5x − 8$ | (Termumformung)
$6x − 7 = 5x − 6$ | $− 5x + 7$
$x = 1$

b) $(x − 4)(x + 3) = x^2 − 10$ | (TU)
$x^2 − 4x + 3x − 12 = x^2 − 10$ | (TU)
$x^2 − x − 12 = x^2 − 10$ | $− x^2 + 12$
$−x = 2$ | $: (−1)$
$x = −2$

c) $5(3x − 12) = 15(20 − 2x)$ | (TU)
$15x − 60 = 300 − 30x$ | $+ 30x + 60$
$45x = 360$ | $: 45$
$x = 8$

d) $(x + 22)(x − 9) = x(x − 5)$ | (Termumformung)
$x^2 + 22x − 9x − 198 = x^2 − 5x$ | (Termumformung)
$x^2 + 13x − 198 = x^2 − 5x$ | $− x^2 + 5x + 198$
$18x = 198$ | $: 18$
$x = 11$

Summe aller Lösungen: $1 + (−2) + 8 + 11 = 18$

4

a) $5 + 7x < 19$ $\mathbb{G} = \mathbb{Q}; \mathbb{L} = \{x \mid x < 2\}$
$7x < 14$
$x < 2$

b) $17 − 12x > 77 + 6x$ $\mathbb{G} = \mathbb{Q}; \mathbb{L} = \{x \mid x < −3\tfrac{1}{3}\}$
$17 − 77 > 18x$
$−60 > 18x$
$−3\tfrac{1}{3} > x$

c) $4(3x − 1) − 2 \geqq 2(x + 5)$ $\mathbb{G} = \mathbb{Q}; \mathbb{L} = \{x \mid x \geqq 1{,}6\}$
$12x − 4 − 2 \geqq 2x + 10$
$10x \geqq 16$
$x \geqq 1{,}6$

5

Aus der Zeichnung misst man die Höhe des Trapezes
h ≈ 1,73 cm.
1. Weg: Trapez $A = \tfrac{1}{2}(5\,cm + 3\,cm) \cdot 1{,}73\,cm = 6{,}92\,cm^2$
2. Weg: Rechteck + 2 rechtwinklige Dreiecke
$A = 3\,cm \cdot 1{,}73\,cm + 2 \cdot \tfrac{1}{2} \cdot 1\,cm \cdot 1{,}73\,cm = 6{,}92\,cm^2$

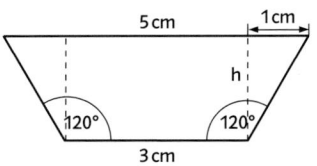

Grundwert. Prozentwert. Prozentsatz, Seite 26

1
a) 100 kg   b) 12 m   c) 425 l
d) 81 m²   e) 175 €   f) 1800 g

2
a) 5 %   b) 10 %   c) 80 %
d) 25 %   e) 32 %   f) 20 %

3
a) 50 m   b) 60 kg   c) 2000 kg
d) 800 km   e) 1250 g   f) 450 ml

4
Das richtige Vorgehen ist jeweils:
a) Grundwert: 1200
Prozentsatz: 12 %
100 % ≙ 1200
  1 % ≙ 12
 12 % ≙ 144
144 Schüler nennen Gelb als ihre Lieblingsfarbe.
b) Prozentwert: 300
Prozentsatz: 30 %
 30 % ≙ 300
  1 % ≙ 10
100 % ≙ 1000
Es wurden 1000 Schüler befragt.

5
Gelb: $\tfrac{22}{100} \cdot 2500 = 550$;   Beige: $\tfrac{11}{100} \cdot 2500 = 275$;
Rot: $\tfrac{9}{100} \cdot 2500 = 225$;   Blau bzw. Grün: $\tfrac{6}{100} \cdot 2500 = 150$;
Orange: $\tfrac{3}{100} \cdot 2500 = 75$
1075 Hausbesitzer haben sich für andere Farben entschieden.
Das Balkendiagramm muss so aussehen:

Gelb	22%	550 Hausbesitzer
Beige	11%	275 Hausbesitzer
Rot	9%	225 Hausbesitzer
Blau	6%	150 Hausbesitzer
Grün	6%	150 Hausbesitzer
Orange	3%	75 Hausbesitzer

5 % 10 % 15 % 20 % 25 %

Vermehrter und verminderter Grundwert, Seite 27

1

alter Wert in Euro	Zuwachs/Verminderung		neuer Wert	
	in Prozent	in Euro	in Prozent	in Euro
750 €	+5 %	+37,50 €	105 %	787,50 €
300 €	+10 %	+30 €	110 %	330 €
880 €	+12 %	+105,60 €	112 %	985,60 €
1700 €	+7 %	+119 €	107 %	1819 €
3400 €	+15 %	+510 €	115 %	3910 €
900 €	−10 %	−90 €	90 %	810 €
1060 €	−20 %	−212 €	80 %	848 €
1200 €	−15 %	−180 €	85 %	1020 €
3200 €	−5 %	−160 €	95 %	3040 €
5500 €	−8 %	−440 €	92 %	5060 €

2

198 €, die Klaus noch fehlen, entsprechen 40 %. Der Grundwert G (entspricht 100 %) ist somit: $G = \frac{198 \cdot 100}{40}€ = 495€$.

Die Stereoanlage kostet also 495 €, Klaus hat schon 498 € − 198 € = 297 € gespart.

3

Gegeben: Grundwert = 990 €;
p % = 15 % (normal) oder 85 % (vermindert)
Gesucht ist der verminderte Grundwert G^-:

85 % von 990 € sind $990€ \cdot \frac{15}{100} = 148,50€$

oder: 15 % von 990 € sind $990€ \cdot \frac{15}{100} = 148,50€$

$G^- = 990€ − 148,50€ = 841,50€$
Der Computer kostet jetzt 841,50 €, Yannik hat 148,50 € gespart.

4

10 % Rabatt zum ursprünglichen Preis entsprechen 45 €. 100 % entsprechen somit 450 €. Die richtige Antwort ist: Simones Fahrrad hat vorher 450 € gekostet, jetzt kostet es 405 € (das sind 450 € − 45 €).

5

a) Gesamtpreis: 22 491 €; 3 % Skonto: 674,73 €; Endpreis: 21 816,27 €
b) Neuer Wert: 1380 kg   c) Preis vorher: 160 €
d) Preis nachher: 625 €   e) 792 €
f) 20 %   g) 25 %
Lösungswort (von unten nach oben gelesen): WEIHNACHT

Zinsrechnung (1), Seite 28

1

a)

	%	€	
:100	100	400	:100
	1	4	
· 1,2	1,2	4,8	· 1,2

b) Gegeben: K = 800 €; p % = 1,2 %
Rechnung: $Z = K \cdot \frac{p}{100} = 800€ \cdot \frac{1,2}{100} = 9,60€$

c) Thorstens Kapital ist doppelt so hoch wie Stefanies. Bei gleichem Zinssatz hat Thorsten doppelt so viele Zinsen bekommen.

2

a) Gegeben: Z = 210 €; p % = 7 %; gesucht: K
7 % entsprechen 210 €

1 % entspricht $\frac{210}{7} = 30€$
100 € entsprechen 100 · 30 = 3000 €
b) Gegeben: Z = 210 €; p % = 14 %; gesucht: K
$K = \frac{Z \cdot 100}{p} = \frac{210 \cdot 100}{14} = 1500€$

c) Der Zinssatz von Herrn Friedrich ist nur halb so hoch wie der von Frau Schiller, sein Kredit ist doppelt so hoch wie der von Frau Schiller.

3

a) Gegeben: K = 520 €; Z = 10,40 €; gesucht: p %
$p = \frac{Z \cdot 100}{K} = \frac{10,40 \cdot 100}{520} = 2\%$

Der Zinssatz beträgt also 2 %.
b) Gegeben: K = 1040 €; Z = 41,60 €; gesucht: p %
$p\% = \frac{41,60 \cdot 100}{1040} = 4\%$

Der Zinssatz beträgt also 4 %.
c) Klaus hat doppelt so viel Geld auf dem Sparbuch wie Jenny. Er erhält viermal so viel Zinsen, da sein Zinssatz doppelt so hoch wie der von Jenny ist.

4

a) 2,5 %   b) 1,25 %   c) 105 €
d) 258 €   e) 580 €   f) 6700 €

Zinsrechnung (2), Seite 29

1

a) 31,50 €   b) 930 €   c) 4,5 %   d) 3200 €
e) 772,50 €   f) 19 000 €   g) 200 € + 357,50 € = 557,50 €
h) 20 000 €   i) 60 000 €   j) 5 %
Lösungswort: SPRUDELBAD

2

a) 75 €   b) 3 %   c) 9 %
d) 8000 €   e) 600 €   f) 112 €
Das Lösungswort im Kreuzworträtsel lautet FINDEN.

3
a) Heike hat 2781 € – 2700 € = 81 € Zinsen erhalten.
b) Berechnung des Zinssatzes:

$$2700\,€ \;-\; 100\,\%$$
$$1\,€ \;-\; \tfrac{100}{2700}\,\%$$
$$81\,€ \;-\; 81 \cdot \tfrac{100}{2700} = 3\,\%$$

Der Zinssatz betrug 3 %.

Tageszinsen, Seite 30

1
Gegeben: Kapital = 560 €; Zinssatz: 2,3 %;
Zeit: 3 Monate = 90 Tage

$$Z = K \cdot p\,\% \cdot \tfrac{t}{360} = 560\,€ \cdot \tfrac{2,3}{100} \cdot \tfrac{90}{360} = 3,22\,€$$

Willi erhält 3,22 € Zinsen für ein Vierteljahr.

2
a) Es gilt $100 \cdot Z \cdot 360 = K \cdot p\,\% \cdot t$, also ist

$$K = Z \cdot \tfrac{100}{p} \cdot \tfrac{360}{t}$$

b) $\tfrac{p}{100} = \tfrac{Z}{K} \cdot \tfrac{360}{t}$

c) $t = \tfrac{100}{p} \cdot \tfrac{Z}{K} \cdot 360$

3
Gegeben: Zinssatz: 13 %; Zinsen: 118,30 €; Zeit: 120 Tage.
Gesucht: Kapital K

$$K = 118,30\,€ \cdot \tfrac{100}{13} \cdot \tfrac{360}{120} = 2730\,€$$

Das Konto ist um 2730 € überzogen.

4
Gegeben: Kapital: 720 €; Zinssatz: 32 €; Zeit: 400 Tage.
Gesucht: Zinssatz p %

$$p\,\% = 100 \cdot \tfrac{32\,€}{720\,€} \cdot \tfrac{360}{400} = 4\,\%$$

Der Zinssatz beträgt 4 %.

5
Gegeben: Kapital: 1260 $; Zinsen: 134,75 $; Zinssatz: 7 %.
Gesucht: Zeit t in Tagen

$$t = \tfrac{100}{p} \cdot \tfrac{Z}{K} \cdot 360 = 100/7 \cdot \tfrac{134,75\,\$}{1260\,\$} \cdot 360 = 550$$

Das Geld befand sich 550 Tage auf dem Konto.

6
a) 36 Tage   b) 25 €
c) 4 Monate   d) 6 %
e) 4500 €   f) 2 %
g) 1200 €

Prozent- und Zinsrechnungen | Merkzettel, Seite 31

▨ **Text:** Prozent; Promille

Beispiele: $0,34 = 34\,\%$ $\tfrac{25}{100} = 0,25 = 25\,\%$

$0,125 = 125\,‰$ $\tfrac{8}{1000} = 0,008 = 8\,‰$

▨ **Text:** zwei; Umstellen; Prozentsatz

Beispiele: $\tfrac{90}{380} = 0,237 = 23,7\,\%$ $\tfrac{12,6 \cdot 100}{p} = 70\,l$

▨ **Text:** vermehrt; veränderten

Beispiele: $q = 1 - \tfrac{40}{100} = 0,6$ $W = 324\,€$

$q = 1 + \tfrac{10}{100} = 1,10$ $W = 236,50\,€$

▨ **Text:** Zinsen; Kapital; Zinssatz

Beispiele: $Z = 54\,€$ $p\,\% = 3\,\%$ $K = \tfrac{54 \cdot 100}{3} = 1800\,€$

$Z = 16\,€$ $G = 800\,€$ $p\,\% = \tfrac{16 \cdot 100}{800} = 2\,\%$

▨ **Text:** Teile; Zeitfaktor; 360; 30
Beispiele: $Z = 15\,€$ $p\,\% = 1,5\,\%$ $K = 3000\,€$

$t = 15 \cdot \tfrac{100}{1,5} \cdot \tfrac{360}{3000} = 120\,$Tage

Zufallsversuche, Seite 32

1
Mögliche Lösungen sind:
a)

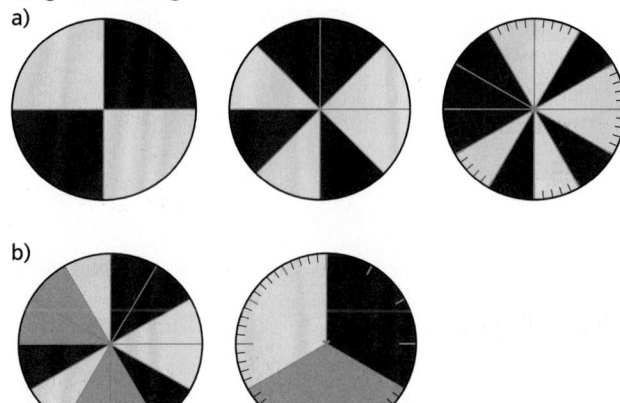

b)

2
a) bis c) sind Zufallsgeräte, d) und e) sind keine.

3
a) Nein.
b) Ja. Mögliche Ergebnisse: z. B. gelb, grün, rot, blau (je nach Farbzusammenstellung des Würfels).
c) Ja. Mögliche Ergebnisse: z. B. Lieblings-CD oder andere
d) Ja. Mögliche Ergebnisse: Gewinn, Niete.
e) Nein. Denn man kann nur einen bestimmten Blinker setzen, den linken oder den rechten. Es gibt keinen Knopf „Blinker", wo zufällig „links" oder „rechts" gewählt werden könnte.

f) Ja. Mögliche Ergebnisse: Keine der angekreuzten Zahlen wird gezogen. Oder: 1 (2, 3, 4, 5 oder alle) der getippten Zahlen wird (werden) gezogen.

4

a) Die möglichen Ergebnisse bei einem Wurf sind 1; 2; 3; 4; 5; 6. Da Peter schon vier Sechsen herausgelegt hat, bestehen insgesamt die Möglichkeiten (6, 6, 6, 6, 1); (6, 6, 6, 6, 2); (6, 6, 6, 6, 3); (6, 6, 6, 6, 4); (6, 6, 6, 6, 5); (6, 6, 6, 6, 6).
Nur das letzte Ergebnis ist ein „Kniffel".
Die Chance darauf ist mit $\frac{1}{6}$ eher gering.
b) Die möglichen Ergebnisse sind 1; 2; 3; 4; 5; 6.
Da Marita schon eine „Straße" herausgelegt hat, bestehen beim letzten Wurf folgende Möglichkeiten:
(2, 3, 4, 5, 1); (2, 3, 4, 5, 2); (2, 3, 4, 5, 3); (2, 3, 4, 5, 4); (2, 3, 4, 5, 5); (2, 3, 4, 5, 6)
Nur mit dem ersten oder letzten Ergebnis hat sie eine „große Straße". Die Chance darauf ist mit $\frac{2}{6} = \frac{1}{3}$ zwar nicht ganz gering, aber auch noch nicht hoch.

Wahrscheinlichkeiten, Seite 33

1

a) $\frac{1}{3}$ b) $\frac{1}{6}$ c) $\frac{1}{2}$ d) $\frac{1}{10}$

2

a) Im Gefäß befinden sich sechs gelbe Kugeln, zwei weiße und vier rote Kugeln.
b) $\frac{3}{11}$ c) $\frac{3}{9} = \frac{1}{3}$

3

a) $\frac{1}{6}$; 0,1$\overline{6}$; 16,$\overline{6}$%   b) $\frac{1}{20}$; 0,05; 5%
c) $\frac{1}{7}$; 0,14286; 14,3%   d) $\frac{1}{7}$; 0,14286; 14,3%
e) z. B. mit einer Münze „Zahl" zu werfen; 0,5; 50%

4

a) $\frac{1}{16}$ b) $\frac{1}{4}$ c) $\frac{11}{16}$

d) etwa 31-mal Hauptgewinn, 125-mal Trostpreis, 344-mal Niete

5

a) $\frac{1}{4}$

b) 13-mal eine orange Kugel, 10-mal eine graue und 28-mal eine weiße Kugel. (gerundete Werte, deshalb Summe 51)

Ereignisse, Seite 34

1

Wahrscheinlichkeit,	mögliche Ergebnisse	günstige Ergebnisse	Wahrscheinlichkeit
a)	20	5	$\frac{1}{4}$ = 25%
b)	20	15	$\frac{3}{4}$ = 75%
c)	18	1	$\frac{1}{18}$ = 5,5%
d)	16	1	$\frac{1}{16}$ = 6,25%

2

a)   c)

Gelb, Rot, Blau, Gelb, Grün, Rot

a) Blau: 25%
b) Orange: 33,$\overline{3}$%   Weiß: 66,$\overline{6}$%
c) Rot: 37,5%   Gelb: 12,5%   Grün: 50%

3

a) $\frac{11}{28}$ (bzw. 39,29%)
b) $\frac{17}{28}$ (bzw. 60,71%)

4

a) Günstige Ausgänge: 6   b) Günstige Ausgänge: 2, 4, 6
Wahrscheinlichkeit: $\frac{1}{6}$ Wahrscheinlichkeit: $\frac{1}{2}$

c) Günstige Ausgänge: 1, 2, 3, 6   d) Günstige Ausgänge: 1, 2, 3, 4
Wahrscheinlichkeit: $\frac{2}{3}$ Wahrscheinlichkeit: $\frac{2}{3}$

Schätzen von Wahrscheinlichkeiten, Seite 35

1

a) aH   b) rH   c) rH
d) rH   e) aH   f) rH

2

a) siehe Tabelle 1 auf S. 13
b) Die obere Verteilung (10 000 Würfe) ist wahrscheinlich für diesen Würfel.
Die untere Verteilung (100 000 Würfe) ist realistisch für einen normalen (nicht gezinkten) Würfel.

3

a) und b)

gewürfelte Zahl		1	2	3	4	5	6	7	8
Anzahl der Würfe	20	0,15	0,05	0,2	0,2	0,1	0,05	0,2	0,05
	100	0,15	0,07	0,14	0,16	0,13	0,16	0,14	0,08
	450	0,12	0,11	0,14	0,13	0,14	0,12	0,12	0,12
Wahrscheinlichkeit		12%	11%	14%	13%	14%	12%	12%	12%

Veronikas Behauptung stimmt, denn $\frac{1}{8}$ entspricht einer Wahrscheinlichkeit von 12,5%.

Zufall und Wahrscheinlichkeit | Merkzettel, Seite 36

■ **Text:** gerät; Mögliche
Beispiele: Kopf; Zahl; Orange, Weiß und Grau

■ **Text:** wahrscheinlich
Beispiele: $\frac{1}{6}$ $\frac{2}{6} = \frac{1}{3}$ $\frac{3}{6} = \frac{1}{2}$

■ **Text:** günstige   **Beispiele:** 2; 4 und 6

■ **Text:** Ereignisses
Beispiele: 8   4 $\frac{1}{2}$

■ **Text:** relative; Schätzen
Beispiele: 212 $\frac{788}{1000} = 78{,}8\,\%$ $\frac{212}{1000} = 21{,}2\,\%$

Üben und Wiederholen | Training 2, Seite 37

1
a) $14{,}25\,\text{m}^2$ b) $13\,\text{m}^2$

2

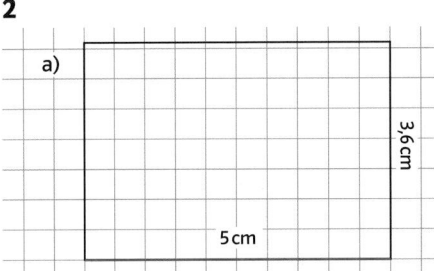

$u = 2 \cdot (5\,\text{cm} + 3{,}6\,\text{cm}) = 17{,}2\,\text{cm}$

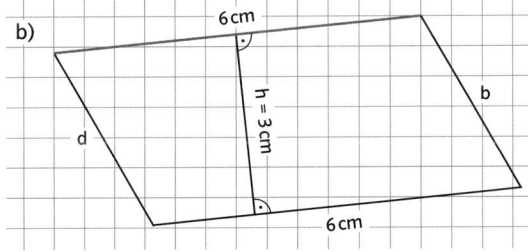

Der Umfang ist abhängig von der Länge der Seiten b und d,
z. B. $u = 2 \cdot (6\,\text{cm} + 3{,}5\,\text{cm}) = 19\,\text{cm}$

3

	x + 5	2 – 8x	4x² – x
2	$2(x + 5)$ $= 2x + 10$	$2(2 - 8x)$ $= 4 - 16x$	$2(4x^2 - x)$ $= 8x^2 - 2x$
–4x	$-4x(x + 5)$ $= -4x^2 - 20x$	$-4x(2 - 8x)$ $= -8x + 32x^2$	$-4x(4x^2 - x)$ $= -16x^3 + 4x^2$

4
a) $x^2 + 16x + 63 - x^2 - 15x - 50 - 14 = 10$
$x - 1 = 10$ $x = 11$
b) $x^2 - 7x + 10 = x^2 - 81$
$-7x = -91$ $x = 13$

5
a) $u = 28{,}26\,\text{cm}$
b) $u = 3{,}14 \cdot 3\,\text{cm} = 9{,}42\,\text{cm}$
c) $u = 3{,}14 \cdot 1{,}5\,\text{m} = 4{,}71\,\text{m}$

Üben und Wiederholen | Training 2, Seite 38

6
a) $400\,\text{km}$ b) $160\,\text{m}$ c) $28{,}8\,\text{l}$ d) $40{,}5\,\text{m}^2$

7
a) $50\,\%$ b) $50\,\%$ c) $8\,\%$ d) $10\,\%$

8
a) $300\,\text{kg}$ b) $60\,€$

9
Es gilt: $G = 560\,€$; $p = 3\,\%$
Der veränderte Prozentsatz ist damit $103\,\% = 1{,}03$.
$W = 576{,}80\,€$.
Somit kostet das Board nach der Preiserhöhung $576{,}80\,€$, also
$16{,}80\,€$ mehr.

10
a) $7{,}5\,\%$;   b) $3\,\%$;
c) $24{,}00\,€$ d) $240{,}00\,€$
e) $580{,}00\,€$

Tab. 1

Würfelaugen	·	··	·.·	:·:	::·	::::
Strichliste	‖‖ ‖‖ ‖‖ ‖‖ I	‖‖ IIII	‖‖ ‖‖ I	‖‖ ‖‖ I	‖‖ ‖‖	‖‖ ‖‖
absolute Häufigkeit	21	9	11	11	10	10
relative Häufigkeit	$\frac{21}{72}$	$\frac{1}{8}$	$\frac{11}{72}$	$\frac{11}{72}$	$\frac{5}{36}$	$\frac{5}{36}$
in Prozent	$29{,}2\,\%$	$12{,}5\,\%$	$15{,}3\,\%$	$15{,}3\,\%$	$13{,}9\,\%$	$13{,}9\,\%$

11

Gegeben sind $p\% = 4{,}75\%$; $Z = 1995\,€$ und außerdem das Gesamtkapital aus dem Hausverkauf $K_{ges} = 200\,000\,€$.
Gesucht sind zunächst das angelegte Kapital K und dann die Differenz $K_{ges} - K$.

Berechnung von K: $Z = \frac{K \cdot p}{100}$, also $K = \frac{Z \cdot 100}{p}$

Somit ist $K = \frac{1995\,€ \cdot 100}{4{,}75} = 42\,000\,€$

Für den Kauf einer kleinen Wohnung bleiben ihr somit
$200\,000\,€ - 42\,000\,€ = 158\,000\,€$ übrig.

12

a) richtig

b) nicht entscheidbar

c) falsch; die Wahrscheinlichkeit beträgt $\frac{11}{12}$.

d) falsch; die Wahrscheinlichkeit beträgt $\frac{3}{12} = \frac{1}{4}$.

13

Eingefügt werden nacheinander: 44; $\frac{1}{44}$; 0

Quader und Würfel, Seite 39

1

	a	b	c	Volumen V	Oberfläche O
a)	17 cm	16 cm	22 cm	5984 cm³	1996 cm²
b)	12 m	17 m	30 m	6120 m³	2148 m²
c)	40 dm	12 dm	12 dm	5760 dm³	2208 dm²
d)	13 cm	14 cm	20 cm	3640 cm³	1444 cm²
e	50 dm	9 dm	11 dm	4950 dm³	2198 dm²
f)	17 cm	10 cm	19 cm	3230 cm³	1366 cm²

2

Die Netze a) und d) können zu Quadern gefaltet werden.
Bei den Netzen b) und c) ist jeweils eine Fläche überflüssig.
a) $O = 150\,cm^2$; $V = 125\,cm^3$ d) $O = 11\,cm^2$; $V = 6\,cm^3$

3

a) $V = (27\,cm)^3 = 19\,683\,cm^3$ $O = 6 \cdot (27\,cm)^2 = 4374\,cm^2$
b) Seitenlängen: $a = 27\,cm$; $b = 27\,cm$; $c = 9\,cm$;
Volumen $V = 6561\,cm^3$, das ist genau ein Drittel des Gesamtvolumens.
Oberfläche $O = 2430\,cm^2$
Alle drei Quader zusammen haben eine Oberfläche
von $3 \cdot 2430\,cm^2 = 7290\,cm^2$, da zu der Ursprungsoberfläche
die vierfache Grundfläche $(729\,cm^2) = 2916\,cm^2$ hinzukommt.

c) 9 Quaderstangen
Seitenlängen: $a = 9\,cm$; $b = 27\,cm$; $c = 9\,cm$
Volumen einer Stange: $V = 2187\,cm^3$
Oberfläche einer Stange: $O = 1134\,cm^2$
Gesamtoberfläche aller Stangen: $O = 9 \cdot 1134\,cm^2 = 10\,206\,cm^2$
d) 27 Würfel
Kantenlänge $a = 9\,cm$; Volumen $V = 729\,cm^3$;
Oberfläche $O = 6 \cdot (9\,cm)^2 = 486\,cm^2$
Gesamtoberfläche aller Würfel: $O = 27 \cdot 486\,cm^2 = 13\,122\,cm^2$

Prisma. Netz und Oberfläche (1), Seite 40

1

Die Körper A, D, G und H sind gerade Prismen.

2

a) A   B

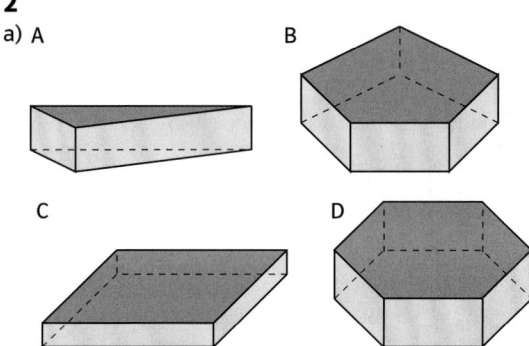

C   D

b)

Körper	Grundfläche	Name des Prismas	Anzahl der		
			Ecken	Kanten	Flächen
A	Dreieck	Dreiecksprisma	6	9	5
B	Fünfeck	Fünfecksprisma	10	15	7
C	Viereck	Vierecksprisma	8	12	6
D	Sechseck	Sechsecksprisma	12	18	8

c) In der Reihenfolge werden eingefügt: $2n$; $3n$; $n + 2$.

3

Die Prismen A, C und E sind in zwei Prismen zerlegt worden.

4

Es entsteht ein Dreiecksprisma, dessen Grund- bzw. Deckfläche ein rechtwinkliges Dreieck ist, und ein Vierecksprisma, dessen Grund- bzw. Deckfläche ein Parallelogramm ist.
(siehe Figur 1)

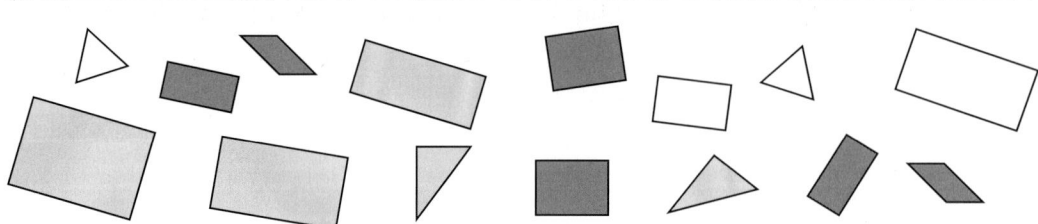

Figur 1

Prisma. Netz und Oberfläche (2), Seite 41

1

a) $A_{Dach} = 2 \cdot 1{,}50\,m \cdot 2\,m = 6\,m^2$

b) Kosten Dach: $6\,m^2 \cdot 29{,}75\,€/m^2 = 178{,}50\,€$

c) $A_{Rechteck} = 2\,m \cdot 1{,}1\,m = 2{,}2\,m^2$

$A_{Fünfeck} = 1{,}8\,m \cdot 1{,}1\,m + \frac{1}{2} \cdot 1{,}8\,m \cdot 1{,}2\,m = 3{,}06\,m^2$

$A_{Rand} = 2 \cdot (A_{Rechteck} + A_{Fünfeck}) = 2 \cdot (2{,}2 + 3{,}06)\,m^2 = 10{,}52\,m^2$

d)

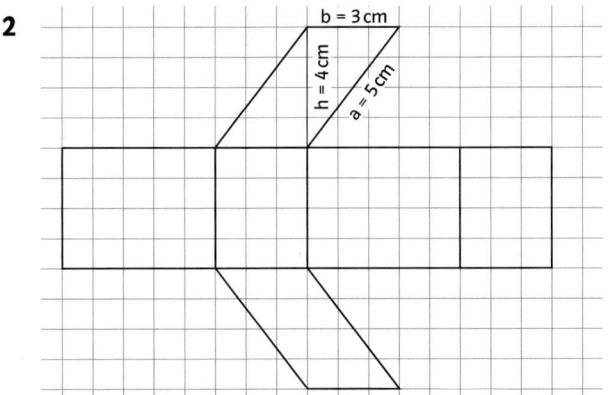

e) Fläche $= 2{,}50\,m \cdot (2 \cdot 1{,}10\,m + 2 \cdot 1{,}80\,m) = 14{,}50\,m^2$

Preis: $14{,}50\,m^2 \cdot 15\,€/m^2 = 217{,}50\,€$

2

b = 3 cm
h = 4 cm
a = 5 cm

$O = 2 \cdot 3\,cm \cdot 4\,cm + 4\,cm \cdot (2 \cdot 5\,cm + 2 \cdot 3\,cm) = 88\,cm^2$

3

	Umfang	Höhe Prisma	Grundfläche	Mantelfläche	Oberfläche
a)	18 m	3 m	20 m²	54 m²	94 m²
b)	100 cm	14 cm	600 cm²	1400 cm²	2600 cm²
c)	30 dm	19 dm	43,30 dm²	570 dm²	656,6 dm²
d)	29,9 cm	11 cm	54,25 cm²	328,9 cm²	437,40 cm²

Schrägbild, Seite 42

1

a)

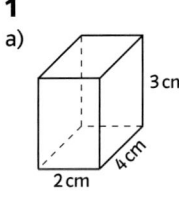

3 cm
4 cm
2 cm

b)

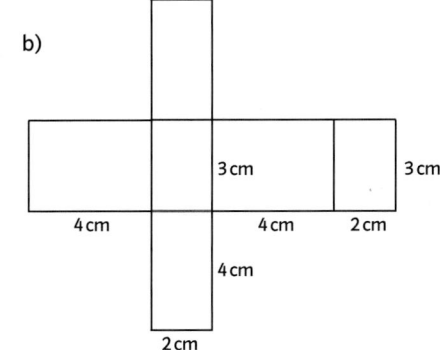

3 cm
3 cm
4 cm
4 cm
2 cm
4 cm
2 cm

c) $O = 2 \cdot (2 \cdot 3 + 2 \cdot 4 + 3 \cdot 4)\,cm^2 = 52\,cm^2$

2

①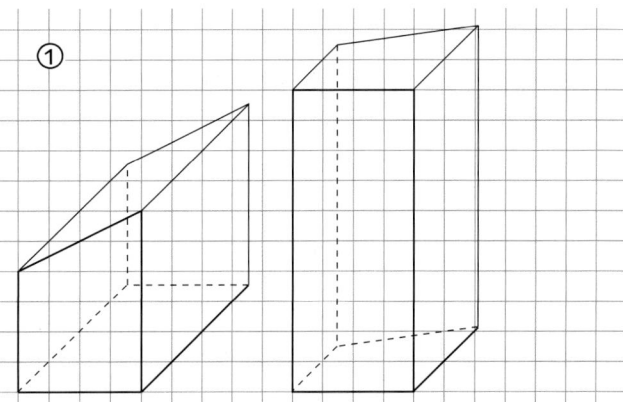

②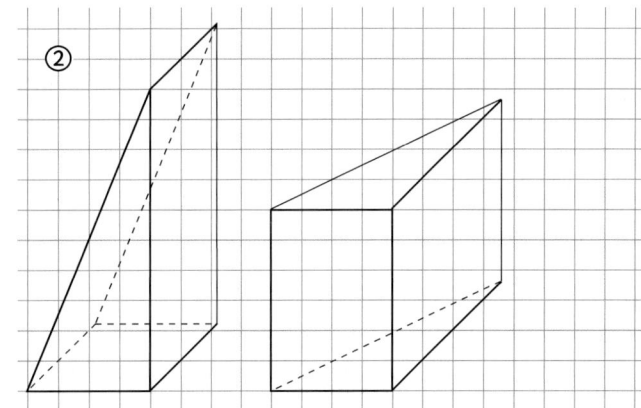

3

Richtig sind die Aussagen C, D und F.

Prisma. Volumen, Seite 43

1

a) $G = 1{,}5\,cm^2$ \qquad $V = 3\,cm^2$

b) $G = 1{,}5\,cm^2$; $M = 12\,cm^2$; $O = 15\,cm^2$

2

a) $O = 2 \cdot (3 \cdot 6 + 3 \cdot 5 + 6 \cdot 5)\,cm^2 = 126\,cm^2$

$V = 3\,cm \cdot 5\,cm \cdot 6\,cm = 90\,cm^3$

b) $O = 2 \cdot \frac{1}{2} \cdot 4 \cdot 3{,}46\,cm^2 + 3 \cdot 4\,cm \cdot 5\,cm = 73{,}84\,cm^2$

$V = \frac{1}{2} \cdot 4\,cm \cdot 3{,}46\,cm \cdot 5\,cm = 34{,}6\,cm^3$

c) $O = 2 \cdot \frac{1}{2} \cdot (5\,cm + 3\,cm) \cdot 2\,cm + 5\,cm \cdot (5\,cm + 2\,cm + 3\,cm$
$+ 2{,}83\,cm) = 80{,}15\,cm^2$

$V = 8\,cm^2 \cdot 5\,cm = 40\,cm^3$

3

a) $G = 850\,cm^2$ \qquad $V = 102\,000\,cm^3 = 102\,dm^3$

$O = 17\,540\,cm^2 = 175{,}40\,dm^2$

b) $G = 900\,cm^2$ \qquad $V = 108\,000\,cm^3 = 108\,dm^3$

$O = 18\,120\,cm^2 = 181{,}20\,dm^2$

4

a) und b)

Körper A	Körper B	Körper C
		$G = 16{,}5\,cm^2$
$V_A = 540\,cm^3$	$V_B = 125\,cm^3$	$V_C = 132\,cm^3$
$O_A = 432\,cm^2$	$O_B = 150\,cm^2$	$O_C = 153\,cm^2$

c) $V_{\text{weißes Wachs}} = 125\,l$ $V_{\text{farbiges Wachs}} = 7{,}5\,l$

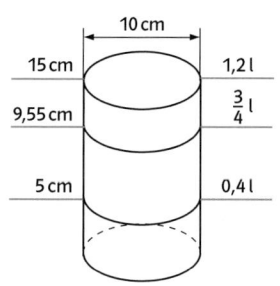

Zylinder. Oberfläche. Volumen, Seite 44

1

(siehe Tabelle 1)

2

a) Volumen eines Pfahls $V = \pi \cdot \left(\frac{6{,}35}{2}\,cm\right)^2 \cdot 600\,cm \approx$
$19\,001{,}5\,cm^3 \approx 19\,dm^3 = 0{,}019\,m^3$

b) Gesamtvolumen $V = 204 \cdot 19\,dm^3 = 3876\,dm^3 = 3{,}876\,m^3$

c) Der Betonmischer enthält zu Beginn der Arbeiten $0{,}4 \cdot 8\,m^3$
$= 3{,}2\,m^3$ Beton. Da das Gesamtvolumen der Pfähle $3{,}876\,m^3$
beträgt, reicht diese Füllung nicht aus, um alle Pfähle mit Beton
zu füllen.

3

a) $V = \pi \cdot r^2 \cdot h$. Formel nach h umstellen: $h = \frac{V}{\pi \cdot r^2}$

$V = 580\,ml = 580\,cm^3$ $h = \frac{580\,cm^3}{\pi \cdot (4{,}25\,cm)^2} \approx 10{,}22\,cm$

$O = 2\pi r^2 + 2\pi rh \approx 386{,}4\,cm^2$

b) Höhe der Banderole: $10{,}22\,cm$;
Länge der Banderole: $2\pi r + 1\,cm = 2\pi \cdot 4{,}25\,cm + 1\,cm$
$\approx 27{,}7\,cm$;
Fläche der Banderole: $10{,}22\,cm \cdot 27{,}70\,cm = 283{,}1\,cm^2$

4

a) $V = \pi \cdot r^2 \cdot h = \pi \cdot (5\,cm)^2 \cdot 15\,cm \approx 1178{,}1\,cm^3 \approx 1{,}178\,l$

b) Das Wasser steht bei kompletter Füllung bis zu der Höhe von
$15\,cm$, das entspricht einem Volumen von etwa $1{,}178\,l$. Um das
Litermaß zu beschriften, muss man berechnen, welcher
Wasserhöhe ein Volumen von $\frac{3}{4}\,l$ entspricht und welches
Volumen einer Höhe von $5\,cm$ entspricht.
$h = 5\,cm$: $V = \pi \cdot (5\,cm)^2 \cdot 5\,cm \approx 392{,}7\,cm^3 \approx 0{,}393\,l$

$V = \frac{3}{4}\,l$: $\pi \cdot r^2 \cdot h = 750\,cm^3 \rightarrow h = \frac{750\,cm^3}{\pi \cdot (5\,cm)^2} \approx 9{,}55\,cm$

Zusammengesetzte Körper. Hohlkörper, Seite 45

1

a) Volumen des Quaders: $V = 4\,cm \cdot 3\,cm \cdot 3\,cm = 36\,cm^3$
Volumen eines zylinderförmigen Lochs: $V = \pi \cdot (0{,}5\,cm)^2 \cdot 3\,cm$
$\approx 2{,}36\,cm^3$
Das Volumen des durchlöcherten Quaders beträgt somit:
$36\,cm^3 - 2 \cdot 2{,}36\,cm^3 \approx 31{,}29\,cm^3$

b) Oberfläche des durchbohrten Quaders: $O = 2 \cdot 40 \cdot 30\,mm^2$
$+ 2 \cdot 30 \cdot 30\,mm^2 + 2 \cdot (40 \cdot 30\,mm^2 - 2 \cdot \pi \cdot 5^2\,mm^2) + 2 \cdot 2\pi$
$\cdot 5 \cdot 30\,mm^2 \approx 8170{,}80\,mm^2 \approx 81{,}71\,cm^2$

2

a) $V = (20\,cm \cdot 50\,cm - 10\,cm \cdot 10\,cm) \cdot 70\,cm = 63\,000\,cm^3$
$= 63\,dm^3$

b) $V = \frac{1}{2}\pi(15\,cm)^2 \cdot 50\,cm \approx 17\,671{,}46\,cm^3 \approx 17{,}67\,dm^3 = 17{,}67\,l$

c) Zuerst muss das Volumen des Beckens berechnet werden.
$V = 63\,dm^3 - 17{,}67\,dm^3 = 45{,}33\,dm^3 = 0{,}045\,33\,m^3$
Somit wiegt das Becken $2800\,kg/m^3 \cdot 0{,}045\,33\,m^3 \approx 126{,}92\,kg$.

d) Zum Gewicht des Beckens muss das Gewicht des Wassers
dazugerechnet werden. Da ein Liter Wasser ein Kilo wiegt,
beträgt das Gewicht des Wassers, wenn das Waschbecken
vollständig gefüllt ist, etwa $17{,}67\,kg$.
Somit wiegt das mit Wasser gefüllte Waschbecken insgesamt
etwa $126{,}92\,kg + 17{,}67\,kg = 144{,}59\,kg$.

3

$V_{\text{Körper}} = V_{\text{Halbzylinder}} + V_{\text{Trapezprisma}}$

$V_{\text{Körper}} = \frac{1}{2}\pi \cdot 13^2 \cdot 50\,mm^3 + \frac{1}{2} \cdot (26 + 13) \cdot 13 \cdot 50\,mm^3$

$\approx 25\,948\,mm^3 \approx 25{,}95\,cm^3$

Oberfläche des Körpers

$O = 2 \cdot \frac{1}{2}\pi \cdot 13^2\,mm^2 + \frac{1}{2} \cdot 2\pi \cdot 13 \cdot 50\,mm^2 + 2 \cdot \frac{1}{2} \cdot (26 + 13)$

$\cdot 13\,mm^2 + (13 + 13 + 18{,}38) \cdot 50\,mm^2 \approx 5298{,}96\,mm^2 \approx 52{,}99\,cm^2$

Tabelle 1

	r	d	h	G	M	O	V
a)	3 cm	6 cm	4 cm	$28{,}27\,cm^2$	$75{,}40\,cm^2$	$131{,}95\,cm^2$	$113{,}10\,cm^3$
b)	7 cm	14 cm	2 cm	$153{,}94\,cm^2$	$87{,}96\,cm^2$	$395{,}84\,cm^2$	$307{,}88\,cm^3$
c)	1,5 cm	3 cm	6 cm	$7{,}07\,cm^2$	$56{,}55\,cm^2$	$70{,}69\,cm^2$	$42{,}41\,cm^3$
d)	10 cm	20 cm	15 cm	$314{,}16\,cm^2$	$942{,}48\,cm^2$	$1570{,}80\,cm^2$	$4712{,}39\,cm^3$
e)	12 cm	24 cm	20 cm	$452{,}39\,cm^2$	$1507{,}96\,cm^2$	$2412{,}74\,cm^2$	$9047{,}79\,cm^3$

4

a)

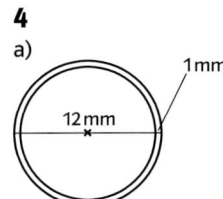

1 mm

12 mm

b) Volumen der Ummantelung:
$V = ((\pi \cdot (0,7\,cm)^2 - \pi \cdot (0,6\,cm)^2) \cdot 200\,000\,cm \approx 81\,681,41\,cm^3$
Das Gewicht des Materials beträgt $0,9\,\frac{g}{cm^3} \cdot 81\,681,4\,cm^3$
$\approx 73\,513,27\,g \approx 73,51\,kg$.

Prismen | Merkzettel, Seite 46

■ **Text:** Grund; Deck; deckungsgleiche; Rechtecken
Beispiele: Trapezprisma

■ **Text:** Summe; $O = 2\,G + M$; Produkt; $M = u \cdot h$
Beispiele: $u_G = 7,7\,cm$; $M = 30,8\,cm^2$; $G = 3,15\,cm^2$; $O = 37,1\,cm^2$

■ **Text:** Produkt; $V = G \cdot h$
Beispiele: $V = 3,15\,cm^2 \cdot 4\,cm = 12,6\,cm^3$

■ **Text:** addieren; Flächen
Beispiele: $O = 148\,m^2$; $V = 120\,m^3$; $O = 57,6\,m^2$; $V = 18\,m^3$;
$O = 181,6\,m^2$; $V = 138\,m^3$

■ **Text:** Produkt; Oberfläche
Beispiele: $M = 251,33\,cm^2$; $G = 50,27\,cm^2$; $O = 351,86\,cm^2$

■ **Text:** $\pi r^2 \cdot h$ **Beispiele:** $V = 502,65\,cm^3$

Funktionen, Seite 47

1
Lösungswort: Hamburg

2

a)

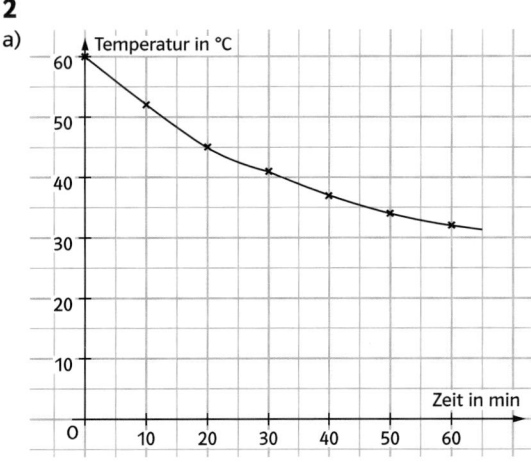

b) Es liegt eine Funktion vor, weil zu jedem Zeitpunkt genau ein
Temperaturwert gehört.
c) Die Wassertemperatur wird noch um wenige Grad fallen und
sich der Umgebungstemperatur annähern.

3
a) ja   b) nein   c) ja   d) ja   e) nein

4
a) $y = 3x - 1$
b) Für y wird eingetragen: -7; -4; -1; 2; 5; 8
c)

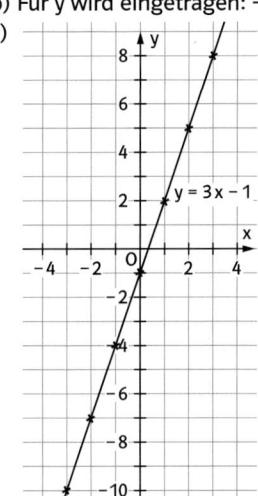

Proportionale Funktionen, Seite 48

1

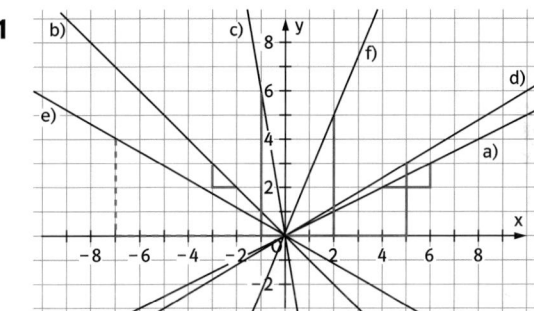

g) Der Graph der Funktion c) ist am steilsten.
h) Der Graph der Funktion a) ist am flachsten.

2
a) $f(x) = \frac{1}{4}x$ b) $f(x) = -\frac{2}{5}x$
c) $f(x) = -\frac{3}{4}x$ d) $f(x) = -4x$
e) $f(x) = \frac{3}{2}x$ f) $f(x) = x$
g) Die Steigung der Funktion e) ist am größten.
h) Die Steigung der Funktion d) ist am kleinsten.

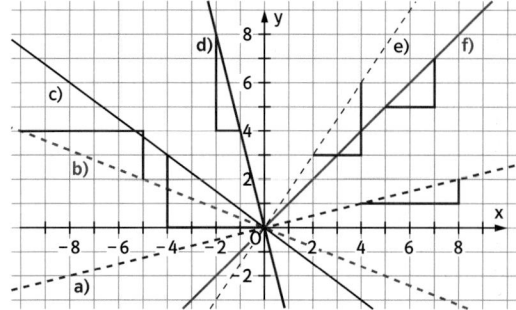

3

a) $Q(-4|-4)$; $f(x) = x$

b) $Q(-8|-3)$; $f(x) = \frac{3}{8}x$

c) $Q(-4,5|6)$; $f(x) = -\frac{4}{3}x$

d) $P(-0,5|3)$; $f(x) = -6x$

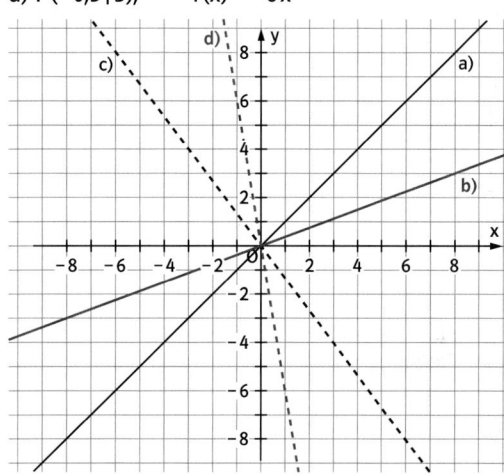

4

a) $f(x) = 1,479x$ 47,25 l kosten 69,88 €.

b) $f(x) = 4,36x$ 2 kg Butter kosten 8,72 €.

c) Keine proportionale Funktion; das Gewicht steigt nicht proportional mit der Anzahl der Jahre.

d) $f(x) = 1,89x$ Eine Banane kostet 0,86 €.

e) $f(x) = 0,21x$ Für sechs Eier muss man 1,26 € bezahlen.

Lineare Funktionen (1), Seite 49

1

Funktionswert 6; der Punkt (0|6) liegt auf dem Graphen von $y = 2x + 6$. Die zugehörigen Graphen sind:

c) $f(x) = 2x + 6$ 　　　　b) $f(x) = -5x - 2$

d) $f(x) = 3x - 11$ 　　　　e) $f(x) = \frac{1}{2}x + 2$

a) $f(x) = -\frac{2}{3}x + 3$ 　　　f) $f(x) = 0x - 5$

2

a) $f(x) = -\frac{1}{2}x + 2$ 　b) $f(x) = -2,5x - 2,5$ 　c) $f(x) = 1,5x + 3$

d) $f(x) = \frac{1}{4}x + 5$ 　　e) $f(x) = \frac{1}{3}x - \frac{1}{3}$ 　　f) $f(x) = 5,5x - 17$

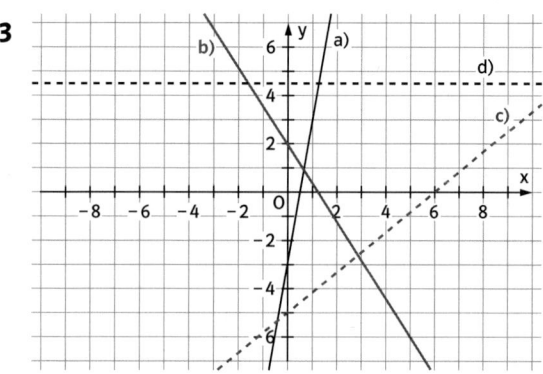

3

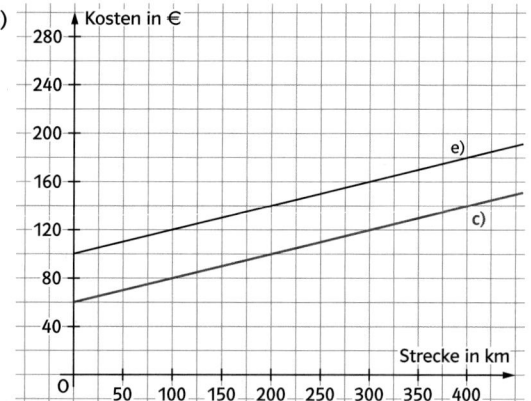

4

a) Aus Graph i

b) Er kann das Modell für 65 € nach 9 Wochen, das Modell für 70 € nach 12 Wochen kaufen.

c) $f(x) = 5x + 20$

d) Graph g: $f(x) = 40x + 20$;   Graph h: $f(x) = 10x + 20$
Graph k: $f(x) = 2x + 20$

Lineare Funktionen (2), Seite 50

1

Grundgebühr: 60 € pro Tag; pro gefahrenem Kilometer: 0,20 €

a) $y = 0,2x + 60$

b)

Strecke in km	0	100	250	300	400
Kosten in €	60	80	110	120	140

c)

d) 114 €

e) 40 € pro Tag; $y = 0,2x + 100$

f)

Strecke in km	0	100	200	350	400
Kosten in €	100	120	140	170	180

g) Gerade e) im Schaubild

h) Der Graph der neuen Funktion ist ein um 40 in y-Richtung verschobener Graph der alten Funktion.

i) Leihkosten für 135 km betragen 127 €.

j) Umzug mit Anhänger ist die schlechtere Alternative.

k) Leon fährt 135 km weniger, damit spart er 16,2 l Diesel. Das entspricht einer Ersparnis von 16,2 l · 1,35 €/l = 21,87 €.

l) bessere Alternative

m) schlechtere Alternative

n) bessere Alternative

Modellieren mit Funktionen, Seite 51

1

Folgende Aussagen müssen markiert werden.
Realsituation: 5, 13
Mathematisches Modell: 29, 37, 41, 43
Mathematische Ergebnisse: 53
Reale Ergebnisse: 83

2

a) Reihenfolge: D, L, G, H   b) Reihenfolge: B, F, C, E
Übrig bleiben die Karten A und K.

Lineare Funktionen | Merkzettel, Seite 52

■ **Text:** genau; Wertetabelle; Graphen; Funktionsgleichung
Beispiele: −0,5   0   0,5   1   1,5

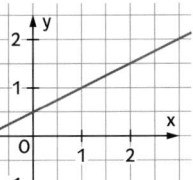

■ **Text:** proportionale; Gerade; Steigung
Beispiele: $y = \frac{2}{3}x$ $m = \frac{2}{3}$

■ **Text:** lineare; y-Achse
Beispiele: $y = \frac{2}{3}x + 0,5$ $m = \frac{2}{3}$

2 (Zähler); 3 (Nenner); b = 0,5

■ **Beispiele:** Übersetzen   Bewerten   Lösen

Üben und Wiederholen | Training 3, Seite 53

1

a) Produkt: $(a + 2b) \cdot c$
Summe: $bc + ac + bc = 2bc + ac$
b) Produkt: $(2a + 6c) \cdot a$
Summe: $a^2 + 6ac + a^2 = 2a^2 + 6ac$
c) Produkt: $2c \cdot (a + 3c)$
Summe: $2c \cdot a + 3 \cdot c \cdot 2c = 2ac + 6c^2$
d) Produkt: $2a \cdot (6b + 2a)$
Summe: $2a \cdot 3b + 2a \cdot 3b + 2a \cdot 2a = 12ab + 4a^2$

2

$(a + b)^2$	a^2	b^2	$2ab$	$a^2 + 2ab + b^2$
$(p + 3q)^2$	p^2	$9q^2$	$6pq$	$p^2 + 6pq + 9q^2$
$(2mn + 5n)^2$	$4m^2n^2$	$25n^2$	$20mn^2$	$4m^2n^2 + 20mn^2 + 25n^2$
$(-2x - 5y)^2$	$4x^2$	$25y^2$	$20xy$	$4x^2 + 20xy + 25y^2$
$\left(\frac{1}{2}n + \frac{1}{4}z\right)^2$	$\frac{1}{4}n^2$	$\frac{1}{16}z^2$	$\frac{1}{4}nz$	$\frac{1}{4}n^2 + \frac{1}{4}nz + \frac{1}{16}z^2$

3

Die Grundfläche besteht aus einem Rechteck und einem Dreieck.

$G = 17\,m \cdot 10\,m + \frac{1}{2} \cdot 10\,m \cdot 18,5\,m = 262,5\,m^2$

Preis: $262,5\,m^2 \cdot 135\,\frac{€}{m^2} = 35\,437,50\,€$

4

	Term	Lösung
a)	$4 \cdot x = 124$	$x = 31$
b)	$x \cdot 14 = 70$	$x = 5$
c)	$x : 12 = 144$	$x = 1728$
d)	$0,4 \cdot x = 600$	$x = 1500$
e)	$3x \cdot (-2) = 120$	$x = -20$
f)	$\left(\frac{x}{4} + 20\right) \cdot 15 = 360$	$x = 16$
g)	$(x + 12)(19 - 4) = 345$	$x = 11$
h)	$\frac{x}{2} - \frac{x}{3} = 10$	$x = 60$

5

Tines Drachen besteht aus einem großen Dreieck
($c = 2 \cdot 45\,cm + 2 \cdot 10\,cm = 110\,cm$; $h = 55\,cm$) und einem
kleinen Dreieck ($c = 2 \cdot 10\,cm$; $h = 15\,cm$).

$A_{Tine} = \frac{1}{2} \cdot 110\,cm \cdot 55\,cm + \frac{1}{2} \cdot 20\,cm \cdot 15\,cm$

$= 3025\,cm^2 + 150\,cm^2 = 3175\,cm^2$
Die Fläche von Mias Drachen kann man berechnen, indem man
von der Fläche des großen gleichschenkligen Dreiecks die
Fläche des kleinen gleichschenkligen Dreiecks abzieht.

$A_{Mia} = \frac{1}{2} \cdot 80\,cm \cdot 65\,cm - \frac{1}{2} \cdot 80\,cm \cdot 15\,cm$

$= 2600\,cm^2 - 600\,cm^2 = 2000\,cm^2$
Tines Drachen hat somit die größere Fläche.

Üben und Wiederholen | Training 3, Seite 54

6
a) $D(1,5 | -1,5)$
b) $E_1(3 | -2)$ oder $E_2(0 | -1)$
c) $F_1(3 | -1)$ oder $F_2(0,25 | -0,5)$
d) $G(1,5 | 0,5)$

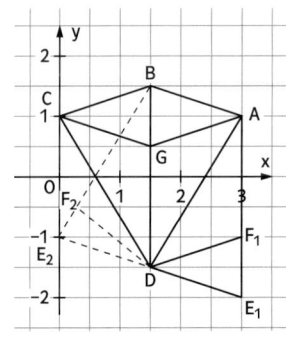

7
a) Neuer Wert: $848\,m^2$ b) Preis nach Erhöhung: 525 €
c) Neuer Preis: 441 €   d) Alter Preis: 1500 €;
                              reduzierter Preis: 1425 €

8

2910,00 € entsprechen 97%. Der Ursprungspreis betrug 3000 €;
Herr Lage hat 90 € gespart.

9

a) 45 Tage
b) 144,50 €
c) 3 Monate
d) 6 %

e) 8,75 €
f) 5000 €
g) 1 %
h) 2400 €

10

Orange: $\frac{60}{100}$; 0,6
Grau: $\frac{18}{100}$; 0,18
Weiß: $\frac{22}{100}$; 0,22

Üben und Wiederholen | Training 3, Seite 55

11

a) individuelle Schätzung

b) Container A, Berechnung der Grundfläche:

$G_A = \frac{1}{2} \cdot (3,6\,m + 2,2\,m) \cdot 0,5\,m + \frac{1}{2} \cdot (3,6\,m + 2,4\,m) \cdot 0,9\,m$

$= 4,15\,m^2$

Berechnung des Volumens:

$V_A = G_A \cdot h = 4,15\,m^2 \cdot 1,4\,m = 5,81\,m^3$

Container B, Berechnung der Grundfläche:

$G_B = \frac{1}{2} (3,5\,m + 2,0\,m) \cdot 0,5\,m + 3,5\,m \cdot 0,5\,m + \frac{1}{2} \cdot (3,5\,m + 2,2\,m)$

$\cdot 0,5\,m = 1,425\,m^2 + 1,75\,m^2 + 1,375\,m^2 = 4,55\,m^2$

Berechnung des Volumens:

$V_B = G_B \cdot h = 4,55\,m^2 \cdot 1,4\,m = 6,37\,m^3$

Container B hat somit das größere Volumen.

12

a) Durchmesser innen: $d_{innen} = 30\,cm - 2 \cdot 2\,cm = 26\,cm$

Innenradius $r_{innen} = 13\,cm = 0,13\,m$

$V = \pi \cdot r_{innen}^2 \cdot h = \pi \cdot (0,13\,m)^2 \cdot 5\,m \approx 0,27\,m^3$.

b) $O = 2 \cdot \pi \cdot r_{außen} \cdot h = 2 \cdot \pi \cdot 0,15\,m \cdot 5\,m \approx 4,71\,m^2$

Die zu streichende Fläche beträgt ca. $4,71\,m^2$.

13

d)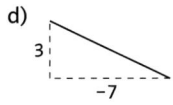

g)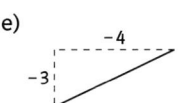

e)

a)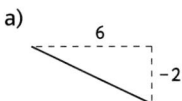

f)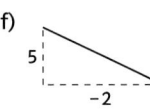

b)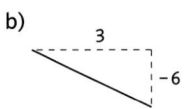

h)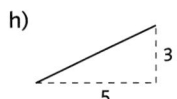

c)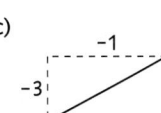

14

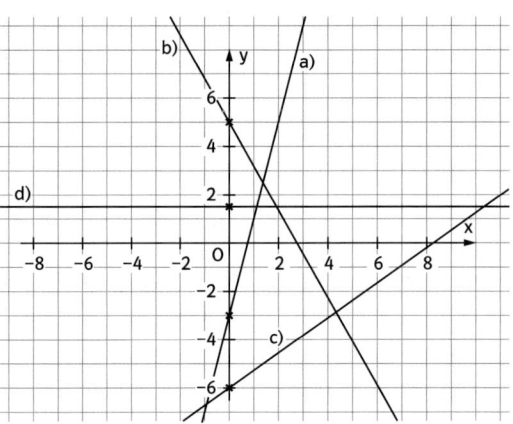

15

a) $y = -\frac{1}{2}x + 2$
b) $y = -2,5x - 2,5$
c) $y = 1,5x + 3$

d) $y = \frac{1}{4}x + 5$
e) $y = \frac{1}{3}x - \frac{1}{3}$
f) $y = -4,5$

Beilage zum Arbeitsheft Schnittpunkt 8

ISBN: 978-3-12-742686-1
ISBN: 978-3-12-742685-4

© Ernst Klett Verlag GmbH, Stuttgart 2008.
Alle Rechte vorbehalten
www.klett.de

Zeichnungen/Illustrationen: media office gmbh, Kornwestheim
DTP/Satz: media office gmbh, Kornwestheim

Zinsrechnung (2)

1 Die Buchstaben der richtigen Lösungen ergeben ein Lösungswort.

a) Guthaben: 900 €; Zinssatz: 3,5 %; Zinsen für ein Jahr: ⬜ €

b) Zinsen für ein Jahr: 13,95 €; Zinssatz: 1,5 %; Kapital: ⬜ €

c) Kredit: 12 500 €; Zinsen für ein Jahr: 562,50 €; Zinssatz: ⬜ %

d) Eine Geldanlage bringt bei 6%iger Verzinsung 192 € Zinsen per anno.
Guthaben: ⬜ €

e) Joshua hat 750 € auf seinem Sparbuch. Er erhält 3 % Zinsen.
Nach einem Jahr sind ⬜ € auf seinem Sparbuch.

f) Familie Kolleg nimmt einen Kredit auf. Bei 9,5%iger Verzinsung zahlt
sie 1805 € Zinsen im Jahr. Der Kredit beläuft sich auf ⬜ €.

g) Berechne die Kosten für einen Kredit von 5500 € mit einem Jahr Laufzeit. Bearbeitungsgebühr: 200 €;
Zinssatz 6,5 %. Für den Kredit muss man insgesamt _____ + _____ = ⬜ an Kosten bezahlen.
Insgesamt muss man _____ € zurückzahlen.

h) 2200 € Zinsen für einen Kredit; Zinssatz: 11 %; Kreditsumme: ⬜ €

i) Bearbeitungsgebühr für den Kredit: 2 %; Zinssatz: 5 %; Zinsen: 3000 €. Kreditsumme: ⬜ €

j) Zinsen: 425 €; Kreditsumme: 8500 €; Zinssatz: ⬜ %

Lösungswort: _____

H | 25 000
B | 20 000
E | 6
D | 5
A | 60 000
C | 558
D | 772,50
E | 19 000
L | 557,50
R | 4,50
K | 5,5
S | 31,50
U | 3200
I | 970
P | 930,00

2 Trage die berechneten Werte als Zahlen in die Tabelle sowie als Wort in das Kreuzworträtsel ein. Finde das Lösungswort.

	Kapital	Zinsen	Zinssatz
a)	3000 €		2,5 %
b)	7500 €	225 €	
c)	500 €	45 €	
d)		320 €	4 %
e)		18 €	3 %
f)	1400 €		8 %

3 Heike hat vor einem Jahr 2700 € auf einem Sparbuch angelegt. Jetzt befinden sich 2781 € darauf.

a) Heike hat _____ €
Zinsen erhalten.

b) Berechnung des Zinssatzes:

€	%
2700 €	
1 €	

Der Zinssatz betrug damit _____ %.

1 Willi hat auf seinem Sparbuch 560 €. Der Zinssatz beträgt 2,3 %. Er will wissen, wie viel Zinsen er nach einem Vierteljahr bekommen würde. Vervollständige die Rechnung.

Gegeben: Kapital: _____ €; Zinssatz: _____ %; Zeit: ___ Monate oder ___ Tage. Gesucht: Zinsen

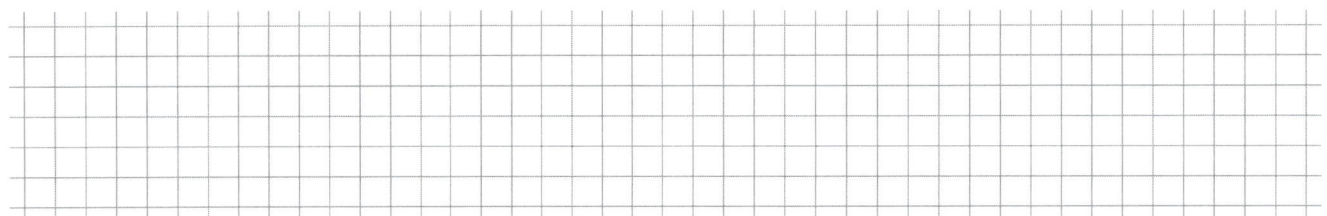

Zinsen Z	=	Jahreszinsen			·	Zeitfaktor $\frac{t}{360}$
		K	·	p %		
Z	=	€	·		·	

Willi erhält _____ € Zinsen für ein Vierteljahr.

2 Forme die Formel $Z = K \cdot \frac{p}{100} \cdot \frac{t}{360}$ so um, dass du

a) das Kapital K   b) den Zinssatz p %   c) die Zeit t berechnen kannst.

3 Frau Schneider hat ihr Konto überzogen. Sie zahlt für 120 Tage 118,30 € Zinsen, da der Zinssatz 13 % beträgt.
Um wie viel Euro hat Frau Schneider das Konto überzogen? Vervollständige die Rechnung.

Gegeben: Zinssatz: _____ %; Zinsen: _____ €;

Zeit: _____ Tage. Gesucht: Kapital K

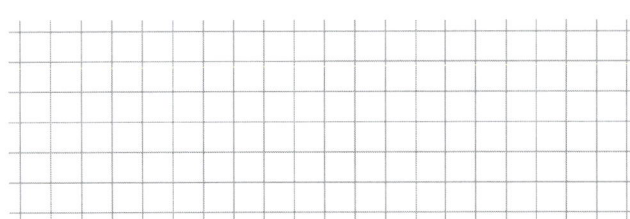

Das Konto ist um _____ € überzogen.

4 Fritz hat in 400 Tagen insgesamt 32 € Zinsen erhalten. Er hatte damals sein Geburtstagsgeld von 720 € auf das Sparbuch gepackt. Wie hoch war der Zinssatz? Vervollständige die Rechnung.

Gegeben: Kapital: _____ €; Zinsen: _____ €;

Zeit: _____ Tage. Gesucht: Zinssatz p %

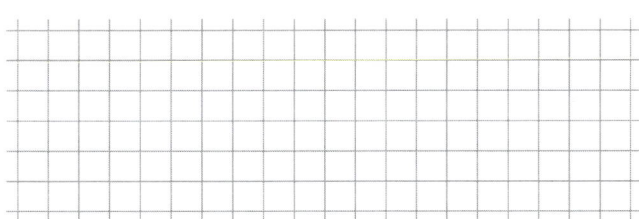

Der Zinssatz beträgt _____ %.

5 Herr Vanderbilt hat für sein Guthaben von 1260 $ 134,75 $ Zinsen erhalten. Der Zinssatz betrug 7 %. Wie lange befand sich das Geld auf dem Konto?

Gegeben: Kapital: _____ $; Zinsen: _____ $;

Zinssatz: _____ %. Gesucht: Zeit t in Tagen

Das Geld befand sich _____ Tage auf dem Konto.

6 Berechne die fehlenden Werte.

	Kapital	Zinsen	Zinssatz	Zeit
a)	920 €	3,68 €	4 %	Tage
b)	7200 €	€	1,25 %	100 Tage
c)	3600 €	96,00 €	8 %	Monate
d)	7200 €	360,00 €	%	300 Tage
e)	€	10,00 €	8 %	10 Tage
f)	300 €	2,50 €	%	5 Monate
g)	€	12,00 €	1,5 %	8 Monate

Fülle die Lücken. Für jeden Buchstaben findest du einen Strich. Löse dann die Beispielaufgaben.

■ Prozent und Promille

Anteile kann man in _ _ _ _ _ _ _ angeben, sehr kleine Anteile gibt

man in _ _ _ _ _ _ _ _ an.

$1\% = \frac{1}{100} = 0{,}01$ $\qquad$ $1‰ = \frac{1}{1000} = 0{,}001$

- $\frac{34}{100} = 0{,}\underline{\hspace{1cm}} = \underline{\hspace{1cm}}\%$
- $\frac{1}{4} = \frac{\square}{100} = 0{,}\underline{\hspace{1cm}} = \underline{\hspace{1cm}}\%$
- $\frac{125}{1000} = 0{,}\underline{\hspace{1cm}} = \underline{\hspace{1cm}}‰$
- $\frac{1}{125} = \frac{\square}{1000} = 0{,}\underline{\hspace{1cm}} = \underline{\hspace{1cm}}‰$

■ Prozentformel

Aus _ _ _ _ gegebenen Größen der Prozentformel kann man die

dritte Größe durch _ _ _ _ _ _ _ _ _ der Formel berechnen.

Prozentwert = Grundwert · _ _ _ _ _ _ _ _ _ _ _ .

$W = G \cdot p\% = G \cdot \frac{p}{100}$

- Von 380 Schülern kommen 90 mit dem Fahrrad.
  G = 380 $\quad$ W = 90
  $p\% = \frac{W}{G} = \frac{\square}{} = 0{,}\underline{\hspace{1cm}} = \underline{\hspace{1cm}}\%$
- 18 % sind 12,6 l.
  Wie viel sind 100 %?
  W = 12,6 l $\quad$ p % = 18 %
  $G = \frac{W \cdot 100}{p} = \frac{\square \cdot 100}{} = \underline{\hspace{1cm}}$ l

■ Vermehrter und verminderter Grundwert

Wird der Grundwert um einen prozentualen Anteil _ _ _ _ _ _ _ _

oder vermindert, so kann man mit dem _ _ _ _ _ _ _ _ _ _ _
Prozentsatz q den vermehrten oder verminderten Grundwert direkt
berechnen.

$q = 1 + \frac{p}{100}$ oder $q = 1 - \frac{p}{100}$ $\qquad$ $W = G \cdot q$

- Ein Fahrrad für 540 € wird um 40 % billiger angeboten.
  $q = 1 - \frac{\square}{100} = 0{,}\underline{\hspace{1cm}}$
  $W = \underline{\hspace{1.5cm}} €$
- Preiserhöhung um 10 %
  alter Preis: 215 €
  $q = 1 + \frac{\square}{100} = 1{,}\underline{\hspace{1cm}}$
  $W = \underline{\hspace{1.5cm}} €$

■ Zinsrechnung

Spart man Geld bei einer Bank oder leiht man sich von ihr Geld,

so bekommt man _ _ _ _ _ _ oder muss welche bezahlen.
Den Geldbetrag, den man spart oder sich leiht, nennt man

_ _ _ _ _ _ _ , der _ _ _ _ _ _ _ _ gibt in Prozenten an,
wie viel Jahreszinsen man bekommt oder bezahlen muss.

Jahreszinsen = Kapital · Zinssatz

$Z = K \cdot p\% = K \cdot \frac{p}{100}$

- Peter erhält für ein Jahr 54 € Zinsen, der Zinssatz beträgt 3 %.
  $Z = \underline{\hspace{1cm}} € \qquad p\% = \underline{\hspace{0.5cm}}$
  $K = \frac{Z \cdot 100}{p} = \frac{\square \cdot 100}{} = \underline{\hspace{1cm}} €$
- Für 800 € erhält Simone 16 € Zinsen.
  $Z = \underline{\hspace{1cm}} € \qquad G = \underline{\hspace{1cm}} €$
  $p\% = \frac{Z \cdot 100}{K} = \frac{\square \cdot 100}{} = \underline{\hspace{0.5cm}}\%$

■ Zinsformel für Teile eines Jahres

Betrachtet man nicht ein ganzes Jahr, sondern nur _ _ _ _ _ davon,

so muss man die Jahreszinsen mit einem _ _ _ _ _ _ _ _ _
multiplizieren.

In der Regel rechnet man für ein Jahr mit _____ Tagen und einen

Monat mit _____ Tagen.

$Z = K \cdot \frac{p}{100} \cdot \frac{t}{360}$ $\quad$ (t ist die Anzahl der Tage.)

- Bei einem Zinssatz von 1,5 % und einem Kapital von 3000 € erhält man 15 € Zinsen.
  $Z = \underline{\hspace{1cm}} € \qquad p\% = \underline{\hspace{1cm}}$
  $K = \underline{\hspace{1.5cm}} €$
  $t = Z \cdot \frac{100}{p} \cdot \frac{360}{K} = \underline{\hspace{0.5cm}} \cdot \frac{100}{\square} \cdot \frac{360}{\square}$
  $= \underline{\hspace{1cm}}$ Tage

Zufallsversuche

1 Gestalte die Glücksräder so, dass es ein faires Spiel für die angegebene Personenzahl gibt. Gib für die leeren Räder einen weiteren Vorschlag an.

a) für zwei Personen

b) für drei Personen

2 Welche der folgenden Geräte sind Zufallsgeräte? Kreuze an.

a)

b)

c)

d)

e)

☐ Würfel   ☐ Spielstein   ☐ Münze   ☐ Kilometerzähler   ☐ Wecker

3 Welche der folgenden Vorgänge sind Zufallsexperimente? Entscheide. Wenn es sich um ein Zufallsexperiment handelt, nenne zwei mögliche Ergebnisse des Experiments.

Vorgang	Ja	Nein	Mögliche Ergebnisse
a) Eine Autofarbe wird ausgesucht.	○	○	
b) Ein Farbenwürfel wird geworfen.	○	○	
c) Eine CD wird mit geschlossenen Augen aus dem Regal genommen.	○	○	
d) Ein Glücksrad mit den Sektoren „Gewinn" und „Niete" wird gedreht.	○	○	
e) Ein Blinker beim Auto wird gesetzt.	○	○	
f) Ein Lottoschein wird ausgefüllt und abgegeben.	○	○	

4 Beim Würfelspiel „Kniffel" würfelt man mit fünf Würfeln. Jeder Spieler hat drei Würfe. Nach jedem Wurf kann man so viele Würfel in den Becher zurücklegen, wie man möchte.

a) Peter hat bereits zweimal gewürfelt. Er möchte möglichst viele Sechsen würfeln. Vier Sechsen hat er schon herausgelegt. Er legt einen Würfel in den

Becher zurück. Welche Ergebnisse sind möglich? _____

_____

Er hofft, dass er noch eine Sechs würfelt, da er für fünf gleiche Würfel (das ist ein Kniffel) 50 Punkte erhält. Die Chance darauf ist ☐ eher hoch ☐ eher gering.

b) Auch Marita hat zweimal gewürfelt. Sie hat eine „Straße" herausgelegt. Sie legt einen Würfel in den Becher zurück. Welche Ergebnisse sind möglich?

_____

Sie hofft darauf, dass sie entweder eine Eins oder eine Sechs würfelt, da sie dann eine „Große Straße" hat, für die sie 40 Punkte bekommt. Die Chance darauf ist ☐ eher hoch ☐ eher gering.

Wahrscheinlichkeiten

1 Gib jeweils die Wahrscheinlichkeiten mithilfe eines Bruches an. Wie groß ist die Wahrscheinlichkeit,

a) von drei Birnen die mit dem Wurm zu erwischen? _____

b) mit einem 6-seitigen Würfel eine Drei zu würfeln? _____

c) bei einer Münze die Zahl oben zu sehen? _____

d) eine 2 als letzte Ziffer der Telefonnummer zu haben? _____

2 In einem Gefäß befinden sich zwölf Kugeln. Die Hälfte der Kugeln ist gelb. Außerdem sind noch weiße und rote Kugeln enthalten. Es sind zwei rote Kugeln mehr als weiße Kugeln.

a) Male die Kugeln entsprechend aus.

b) Die Wahrscheinlichkeit, eine rote Kugel zu ziehen, nachdem bereits

eine rote Kugel gezogen worden ist, beträgt _____ .

c) Es wurden bereits alle weißen und eine rote Kugeln gezogen.

Wie groß ist die Wahrscheinlichkeit, beim nächsten Zug eine andere

rote Kugel zu ziehen? _____ .

3 Fülle die Tabelle aus.

Bestimme die Wahrscheinlichkeit,	Bruch	Dezimalbruch	Prozent
a) mit einem Würfel eine Eins zu würfeln.			
b) mit einem 20-seitigen Würfel eine Drei zu würfeln.			
c) aus sieben Überraschungseiern die Spielfigur zu ziehen.			
d) dass deine Mathematiklehrerin an einem Dienstag geboren wurde.			
e)	$\frac{1}{2}$		

4 a) Die Wahrscheinlichkeit, einen Hauptgewinn zu erzielen, beträgt _____ .

b) Die Wahrscheinlichkeit, einen Trostpreis zu erzielen, ist _____ .

c) Die Wahrscheinlichkeit für eine Niete ist _____ .

d) Wenn Silvia das Rad 500-mal dreht, kann sie etwa _____-mal einen Hauptgewinn

erwarten, etwa _____ -mal einen Trostpreis und etwa _____ -mal eine Niete.

Das Glücksrad
Hauptpreis bei Orange
Trostpreis bei Grau
Sonst leider verloren

5 Freddy zieht 50-mal blind eine der 20 Kugeln aus dem Behälter. Dabei legt er jede gezogene Kugel vor dem nächsten Zug in den Behälter zurück.

a) Die Wahrscheinlichkeit dafür, bei einem Zug eine orange Kugel zu erwischen,

beträgt _____ .

b) Bei 50 Ziehungen wird er etwa _____ -mal eine orange Kugel, _____ -mal

eine graue und _____ -mal eine weiße Kugel ziehen.

Ereignisse

1 Zeichne in das Gefäß 3 schwarze, 5 weiße und 12 orange Kugeln.
Gib jeweils die Wahrscheinlichkeit als Bruch und in Prozent an.

Wahrscheinlichkeit,	mögliche Ergebnisse	günstige Ergebnisse	Wahrschein-lichkeit
a) eine weiße Kugel zu ziehen.			
b) eine schwarze oder orange Kugel zu ziehen.			
c) eine schwarze Kugel zu ziehen, nachdem schon zwei schwarze Kugeln gezogen worden sind.			
d) eine weiße Kugel zu ziehen, nachdem schon alle anderen weißen Kugeln gezogen worden sind.			

2 Färbe die Glücksräder richtig ein. Berechne die fehlende Wahrscheinlichkeit.

a)
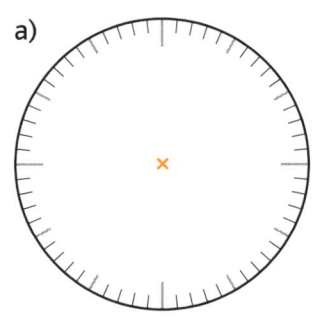

b)
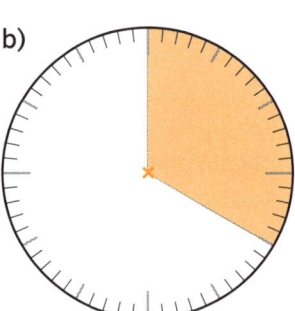

c)
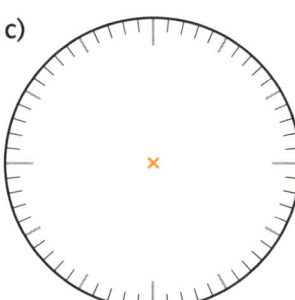

Rot kommt dreimal so häufig vor wie Gelb und zusammen kommen sie genauso häufig vor wie Grün.

Rot: _50 %_

Gelb: _25 %_

Blau: _____

Orange: _____

Weiß: _____

Rot: _____

Gelb: _____

Grün: _____

3 In einer Klasse sind 17 Mädchen und 11 Jungen. Der Fußballverein des Ortes hat der Klasse eine Freikarte für das nächste Heimspiel zur Verfügung gestellt. Diese soll jetzt verlost werden. Dazu haben die Kinder ihre Namen auf Zettel geschrieben.

a) Die Wahrscheinlichkeit dafür, dass die Freikarte an einen Jungen geht,

beträgt_____.

b) Die Wahrscheinlichkeit dafür, dass die Freikarte von einem Mädchen gewonnen wird, beträgt _____.

4 Du würfelst mit einem normalen Spielwürfel. Gib jeweils die günstigen Ausgänge an und berechne ihre Wahrscheinlichkeiten.

a) Die gewürfelte Zahl ist eine Sechs.

Günstige Ausgänge: _____

Wahrscheinlichkeit: _____

b) Die gewürfelte Zahl ist gerade.

Günstige Ausgänge: _____

Wahrscheinlichkeit: _____

c) Die gewürfelte Zahl ist ein Teiler von 6.

Günstige Ausgänge: _____

Wahrscheinlichkeit: _____

d) Die gewürfelte Zahl ist kleiner als fünf.

Günstige Ausgänge: _____

Wahrscheinlichkeit: _____

Schätzen von Wahrscheinlichkeiten

1 Entscheide, ob die absolute Häufigkeit (aH) oder die relative Häufigkeit (rH) angegeben ist.

a) Martin hat zweimal hintereinander eine Sechs gewürfelt. _____

b) Jede dritte Zahl ist durch drei teilbar. _____

c) Max hat an zwei von fünf Abenden Computer gespielt. _____

d) Nach sieben Versuchen hat Pia endlich den Basketballkorb getroffen. _____

e) Michael arbeitete montags jeweils drei Stunden im Garten. _____

f) Zwei Drittel der Schüler machen lieber Mathe- als Deutschhausaufgaben. _____

2 Markus und Britt testen einen Würfel, um zu überprüfen, ob er gezinkt ist.

```
2 3 4 5 1 6    1 6 3 1 4 2    2 5 6 1 1 2    1 3 6 4 6 1
1 3 4 1 2 2    2 3 1 4 5 2    3 1 1 5 4 6    4 3 5 5 1 2
3 4 3 1 5 4    1 1 3 5 5 1    3 5 4 6 6 1    1 4 6 6 1 1
```

a) Fülle die Tabelle aus.

Würfelaugen	⚀	⚁	⚂	⚃	⚄	⚅
Strichliste						
absolute Häufigkeit						
relative Häufigkeit						
in Prozent						

b) Welche der folgenden Verteilungen sind wahrscheinlich? Kreuze an.

Würfelaugen	⚀	⚁	⚂	⚃	⚄	⚅	Verteilung realistisch
Anzahl bei 10 000 Würfen	2 235	1 533	1 556	1 509	1 606	1 561	☐
Anzahl bei 100 000 Würfen	16 685	17 016	16 507	17 438	16 233	16 121	☐

3 Veronica behauptet: „Die Wahrscheinlichkeit, mit dem abgebildeten Würfel eine Sechs zu werfen, liegt bei $\frac{1}{8}$, ist also kleiner als bei einem normalen Würfel."
Veronica probiert es aus und erhält die folgende Tabelle für die absoluten Häufigkeiten nach 20, 100, 450 Würfen.
a) Berechne die zugehörigen relativen Häufigkeiten auf zwei Nachkommastellen genau und trage sie in die rechte Tabelle ein.
b) Schätze nun die Wahrscheinlichkeiten (in Prozent) und trage die Werte in die Tabelle ein. Stimmt Veronicas Behauptung?

gewürfelte Zahl		1	2	3	4	5	6	7	8
Anzahl der Würfe	20	3	1	4	4	2	1	4	1
	100	15	7	11	16	13	16	14	8
	450	52	51	62	60	62	56	52	55

gewürfelte Zahl		1	2	3	4	5	6	7	8
Anzahl der Würfe	20								
	100								
	450								
Wahrscheinlichkeit									

Fülle die Lücken. Für jeden Buchstaben findest du einen Strich. Löse dann die Beispielaufgaben.

Zufallsversuch, Zufallsgerät, mögliche Ergebnisse

Zufallsversuche führt man mit einem Zufalls-

_ _ _ _ _ durch. Dies können z. B. Glücksräder, Münzen oder Würfel sein.

_ _ _ _ _ _ _ _ Ergebnisse sind alle Ergebnisse, die sich ereignen können.

■ Welche zwei Ergebnisse sind beim Wurf einer Münze möglich?

_____ und _____

■ Welche Ergebnisse sind bei dem Glücksrad möglich? _____

Wahrscheinlichkeit eines Ergebnisses

Sind alle Ergebnisse eines Zufallsversuchs gleich

_ _ _ _ _ _ _ _ _ _ _ _ _ , so wird durch den

Bruch $\frac{1}{\text{Anzahl der möglichen Ergebnisse}} = \frac{1}{n}$ die Wahrscheinlichkeit angegeben.

■ Gib die einzelnen Wahrscheinlichkeiten an.

Orange : ___

Grau: ___ = ___

Weiß: ___ = ___

Günstige Ergebnisse und Ereignis

Alle Ergebnisse, die zum Erfolg führen, heißen

_ _ _ _ _ _ _ _ Ergebnisse.

Zusammen bilden sie ein **Ereignis**.

■ Mithilfe eines Würfels eine gerade Zahl zu würfeln, hat folgende drei günstige Ereignisse:

_____ ; _____ und _____ .

Die drei Ergebnisse bilden das Ereignis, „eine gerade Zahl zu würfeln".

Wahrscheinlichkeit eines Ereignisses

Der Bruch $P = \frac{\text{Anzahl der günstigen Ergebnisse}}{\text{Anzahl der möglichen Ergebnisse}} = \frac{m}{n}$

gibt die Wahrscheinlichkeit eines

_ _ _ _ _ _ _ _ _ _ bei gleich wahrscheinlichen

Ergebnissen an.

■ Wie groß ist die Wahrscheinlichkeit, mit diesem Oktaeder-Würfel eine gerade Zahl zu würfeln?

Anzahl der ...

... möglichen Ergebnisse: _____

... günstigen Ergebnisse: _____

Wahrscheinlichkeit: _____

Schätzen von Wahrscheinlichkeiten

Bei manchen Zufallsversuchen müssen die Wahrscheinlichkeiten der möglichen Ergebnisse geschätzt werden. Hierzu führt man den Versuch möglichst oft durch und berechnet die

_ _ _ _ _ _ _ _ Häufigkeit. Diese nutzt man zum

_ _ _ _ _ _ _ _ _ von Wahrscheinlichkeiten der möglichen Ergebnisse.

■ Mit diesem Quader wurde insgesamt 1000-mal geworfen. Es war 788-mal Orange und

_____-mal Grau oben zu sehen.

Für die Wahrscheinlichkeit ergeben sich also folgende Schätzwerte:

$\frac{\quad}{1000}$ = _____ % für Orange

$\frac{\quad}{1000}$ = _____ % für Grau.

1 Berechne den Flächeninhalt:

a) _____ m²

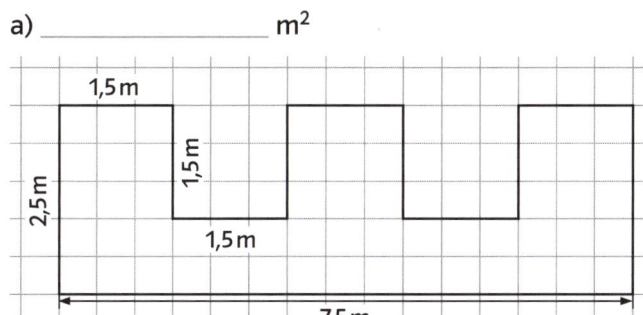

b) _____ m²

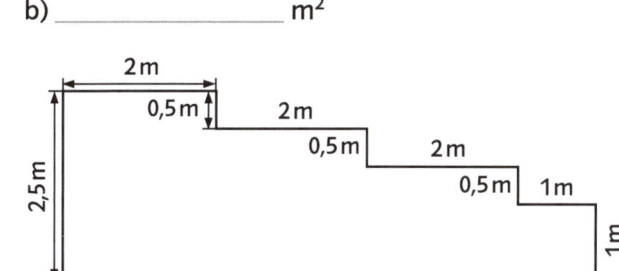

2 Zeichne die zwei Parallelogramme mit dem Flächeninhalt von 18 cm² weiter. Bestimme auch den Umfang.

a)

b)

u = _____

u = _____

3 Fülle die Lücken in der Tabelle.

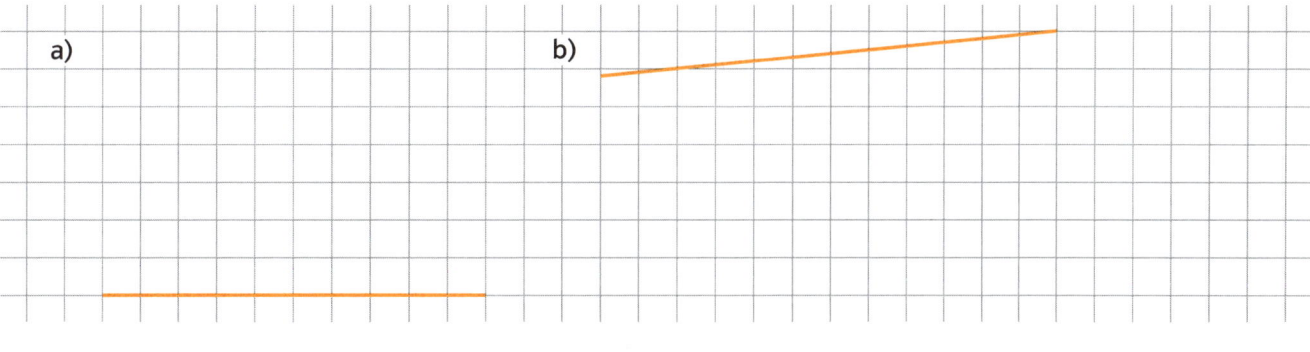

·	x + 5	2 – 8x	4x² – x
2	2(x + 5) = 2x + ▮		
– 4x			

4 Löse die Gleichungen.

a) (x + 7)(x + 9) – (x + 10)(x + 5) – 14 = 10

_____

_____ x = _____

b) (x – 2)(x – 5) = (x – 9)(x + 9)

_____

_____ x = _____

5 Tim hat bei einigen zylinderförmigen Gegenständen den Durchmesser gemessen. Bestimme den Umfang.

a) Durchmesser 9 cm; Umfang:

3,14 · 9 cm =
_____

= _____

b) Durchmesser 3 cm; Umfang:

_____

= _____

c) Durchmesser 1,5 m; Umfang:

_____

= _____

6 Berechne den Prozentwert im Kopf.

a) 50 % von 800 km sind _____ km.

b) 20 % von 800 m sind _____ m.

c) 12 % von 240 l sind _____ l.

d) 45 % von 90 m² sind _____ m².

7 Berechne den Prozentsatz im Kopf.

a) 750 kg von 1500 kg entsprechen _____ %.

b) 300 cm von 600 cm entsprechen _____ %.

c) 80 m von 1000 m entsprechen _____ %.

d) 12 m² von 120 m² entsprechen _____ %.

8 Berechne den Grundwert im Kopf.

a) 150 kg entsprechen 50 %. _____ kg

b) 6 € entsprechen 10 %. _____ €

9 Ein Snowboard hat vor der Preiserhöhung 560,00 € gekostet. Der Händler hat den Preis um 3 % angehoben. Wie viel kostet das Snowboard jetzt und wie viel muss man mehr bezahlen?

Es gilt: G = _____ €. p = 3 %. Der veränderte Prozentsatz ist damit _____ . Gesucht ist der

Prozentwert W = _____ €. Nach der Preiserhöhung kostet das Board _____ €, also _____ € mehr.

10 Fülle die Tabelle aus.

	Kapital	Zinsen	Zinssatz
a)	3800,00 €	285,00 €	
b)	9500,00 €	285,00 €	
c)	800,00 €		3 %
d)	4000,00 €		6 %
e)		40,60 €	7 %

11 Oma Schmidt hat ihr Haus für 200 000 € verkauft. Sie legt bei ihrer Hausbank so viel Geld an, dass sie bei einem Zinssatz von 4,75 % jedes Jahr 1995 € Zinsen erhält. Wie viel Geld bleibt ihr für den Kauf einer kleinen Wohnung?

Gegeben: _____

Gesucht: _____

Rechnung: _____

_____

Antwort: _____

12 Bewerte die folgenden Aussagen.

Aussage	ja	nein	nicht entscheidbar
a) Die Wahrscheinlichkeit, dass eine gerade Zahl kommt, beträgt $\frac{1}{2}$.	○	○	○
b) Man hat nach zwölf Drehungen einmal den Joker dabei.	○	○	○
c) Die Wahrscheinlichkeit, eine Zahl >2 zu erhalten, beträgt $\frac{1}{2}$.	○	○	○
d) Die Wahrscheinlichkeit, dass das Rad auf der Drei stehen bleibt, beträgt $\frac{1}{3}$.	○	○	○

13 Berechne die Wahrscheinlichkeit. Beim Lotto (Kugeln mit den Zahlen von 1 bis 49) wurden bereits

die Zahlen 2; 11; 12; 23 und 34 gezogen. Es sind noch _____ Kugeln in der Urne. Die Wahrscheinlichkeit,

die 35 zu ziehen, beträgt _____ . Die Wahrscheinlichkeit, die Zwei zu ziehen,

beträgt _____ .

Quader und Würfel

1 Ein Quader hat die Kantenlängen a, b und c. Ergänze die fehlenden Werte.

	a	b	c	Volumen V	Oberfläche O
a)	17 cm	16 cm	22 cm		
b)	12 m	17 m	30 m		
c)	40 dm		12 dm	5760 dm³	
d)		14 cm	20 cm	3640 cm³	
e)	50 dm		11 dm		2198 dm²
f)		10 cm	19 cm		1366 cm²

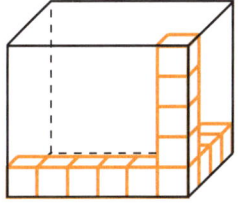

2 Kreuze die Netze an, aus denen du einen Quader oder einen Würfel falten kannst.
Berechne dann für diese Körper die Oberfläche und das Volumen.

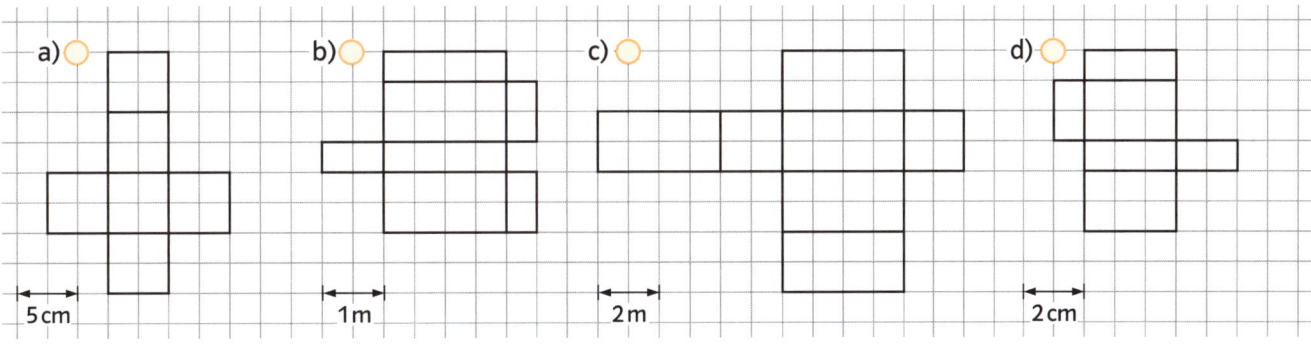

a)◯   b)◯   c)◯   d)◯

|← 5 cm →| |← 1 m →| |← 2 m →| |← 2 cm →|

O = _____   O = _____   O = _____   O = _____

V = _____   V = _____   V = _____   V = _____

3 Ein Würfel hat eine Kantenlänge von a = 27 cm.

a) Volumen $V = a^3 =$ _____ cm³; Oberfläche $O = 6 \cdot a^2 =$ _____ cm².

b) Der Würfel wird parallel zur Grundfläche in **drei** gleich große **orange Quader** zerlegt.

Seitenlängen: a = _____ cm; b = _____ cm; c = _____ cm. Volumen V = _____ cm³, das

ist genau _____ des Gesamtvolumens. Quaderoberfäche O = _____ cm².

Alle drei Quader zusammen haben eine Oberfläche von O = _____ cm², da zu der

Ursprungsoberfläche die _____ Grundfläche (_____ cm²) hinzukommt.

c) Zerlegt man die **drei Quader** weiter, so erhält man insgesamt _____ schmalere **Quaderstangen**.

Seitenlängen: a = _____ cm; b = _____ cm; c = _____ cm.

Volumen einer Stange: V = _____ cm³. Oberfläche O = _____ cm².

Gesamtoberfläche aller Stangen: O = _____ cm².

d) Schneidet man jede **Quaderstange** in drei Teile, so ist der Ursprungswürfel jetzt in _____

gleich große **Würfel** zerlegt. Kantenlänge a = _____ cm; Würfelvolumen V = _____ cm³;

Oberfläche O = _____ cm². Gesamtoberfläche aller kleinen Würfel: O = _____ cm².

1 Kreuze an, welche der Körper gerade Prismen sind.

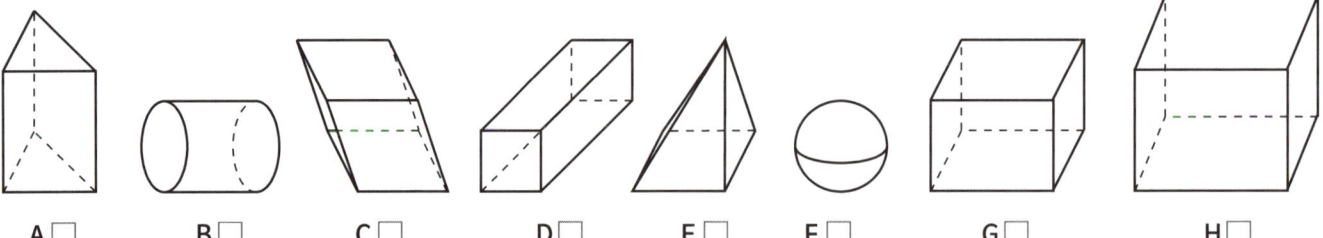

A ☐   B ☐   C ☐   D ☐   E ☐   F ☐   G ☐   H ☐

2 a) Färbe die Deckflächen und den sichtbaren Mantel mit unterschiedlichen Farben.
b) Bestimme die Anzahl der Ecken, Kanten und Flächen. Schreibe zu jedem Bild, welche Grundfläche das Prisma hat. Notiere alles in der Tabelle.

A   B   C   D

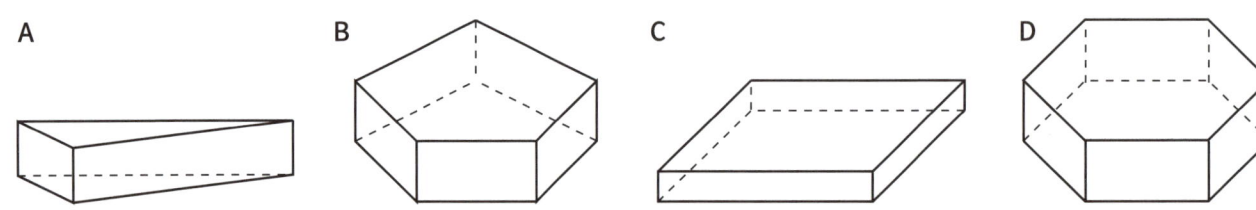

Körper	Grundfläche	Name des Prismas	Anzahl der		
			Ecken	Kanten	Flächen
A	Dreieck	Dreiecksprisma	6	9	5
B					
C					
D					

c) Hat die Grundfläche eines Prismas n Ecken, so besitzt das Prisma _____ Ecken. Die Anzahl der Kanten ist _____ . Die Anzahl der Flächen beträgt _____ , da zu den Mantelflächen noch eine Deckfläche und eine Grundfläche gezählt werden müssen.

3 Kreuze an, welches Prisma in zwei Prismen zerlegt wurde.

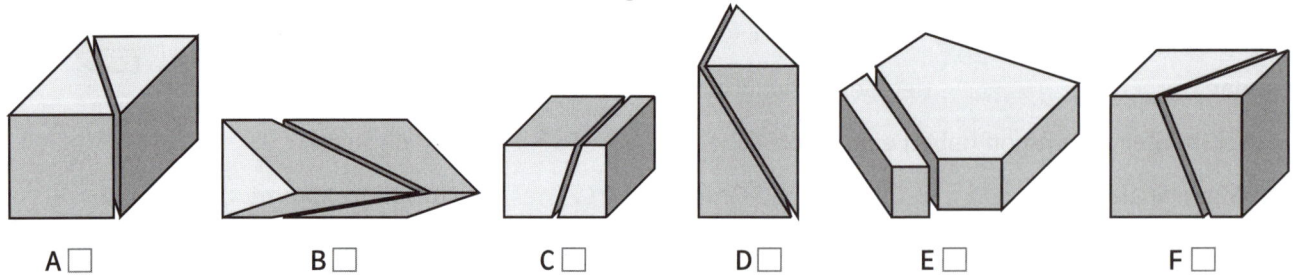

A ☐   B ☐   C ☐   D ☐   E ☐   F ☐

4 Zwei Prismen sind in ihre einzelnen Flächen zerlegt worden. Färbe alle Flächen des Prismas in einer Farbe. Vier Flächen bleiben übrig.

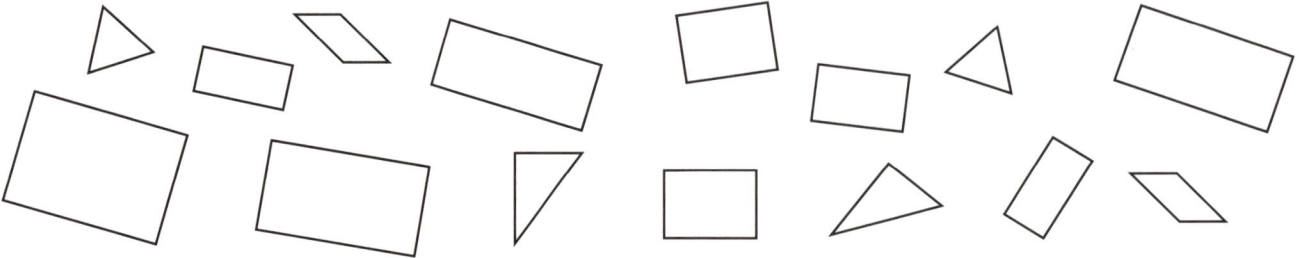

1 Samirs Vater möchte sich ein Frühbeet bauen. Das Dach soll aus Plexiglas, der Rand aus Holz sein. Der Kasten soll keinen Boden besitzen.

a) Berechne, wie viel Plexiglas für das Dach benötigt wird.

A_{Dach} = _____ m²

b) Das Plexiglas (4 mm stark) kostet 29,75 € pro Quadratmeter.

Kosten Dach: _____ €

c) Der Rand des Frühbeetes wird aus zwei Rechtecken und zwei Fünfecken gebildet. Kennzeichne die Flächen in der Zeichnung.
Berechne, wie viel Holz Samirs Vater mindestens kaufen muss.

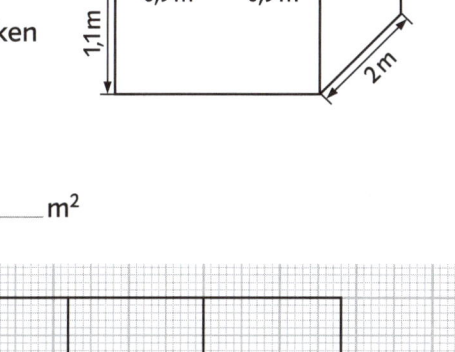

$A_{Rechteck}$ = _____ = _____ m²

$A_{Fünfeck}$ = _____ m²

$A_{Rand} = 2 \cdot (A_{Rechteck} + A_{Fünfeck})$ = _____ m²

d) Samirs Vater kauft 2,50 m hohe Seekiefer-Sperr-holzplatten im Baumarkt. Zeichne die Kanten ein, die er zu Hause noch sägen muss.

e) Die Holzplatten kosten 15,00 € pro Quadratmeter.

Fläche = _____ m²

Preis = _____ €

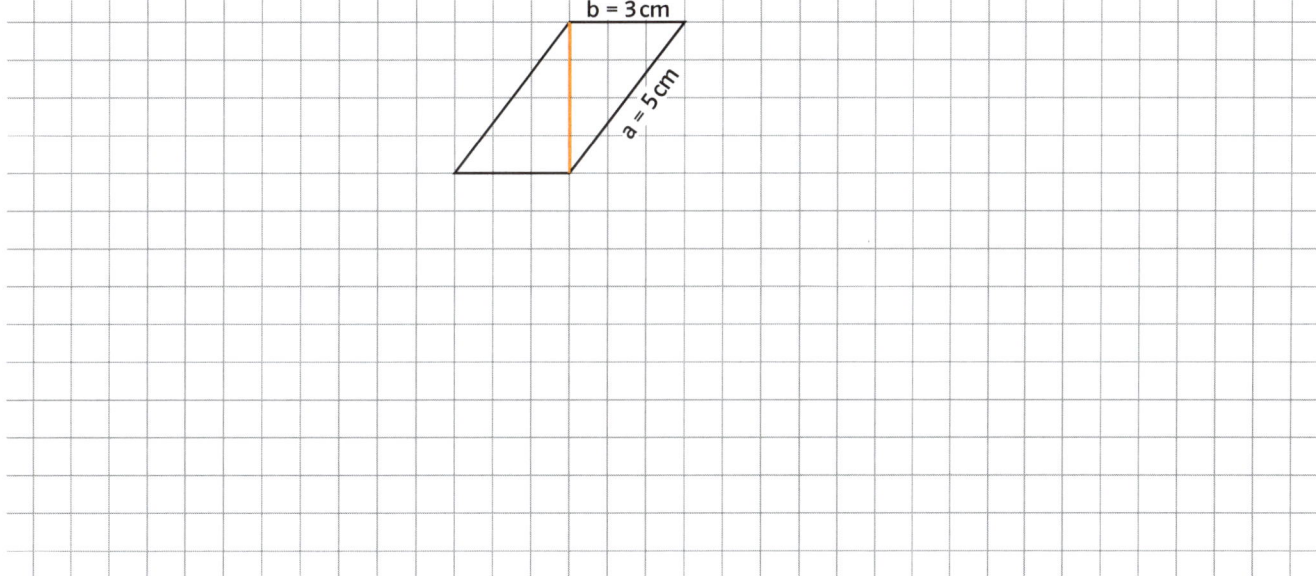

2 Abgebildet ist die Grundfläche eines maßstäblich verkleinerten Prismas. Die Körperhöhe des Prismas beträgt 4 cm. Vervollständige das Netz des Prismas und berechne die Oberfläche.

b = 3 cm

a = 5 cm

3 Berechne die fehlenden Größen des Prismas.

	Umfang	Höhe Prisma	Grundfläche	Mantelfläche	Oberfläche
a)	18 m	3 m	20 m²		
b)	100 cm			1400 cm²	2600 cm²
c)	30 dm		43,30 dm²	570 dm²	
d)		11 cm	54,25 cm²		437,40 cm²

1 a) Zeichne einen Quader als Schrägbild.
Seine Maße sind: a = 2 cm, b = 3 cm, c = 4 cm.
Eine Kante ist bereits gezeichnet.

b) Zeichne daneben das
Netz des Quaders.

c) Berechne die Oberfläche. O = _____

2 a) Vervollständige jeweils das linke der angefangenen Schrägbilder. Die Grundfläche und eine Kante der Mantelfläche sind bereits gezeichnet.

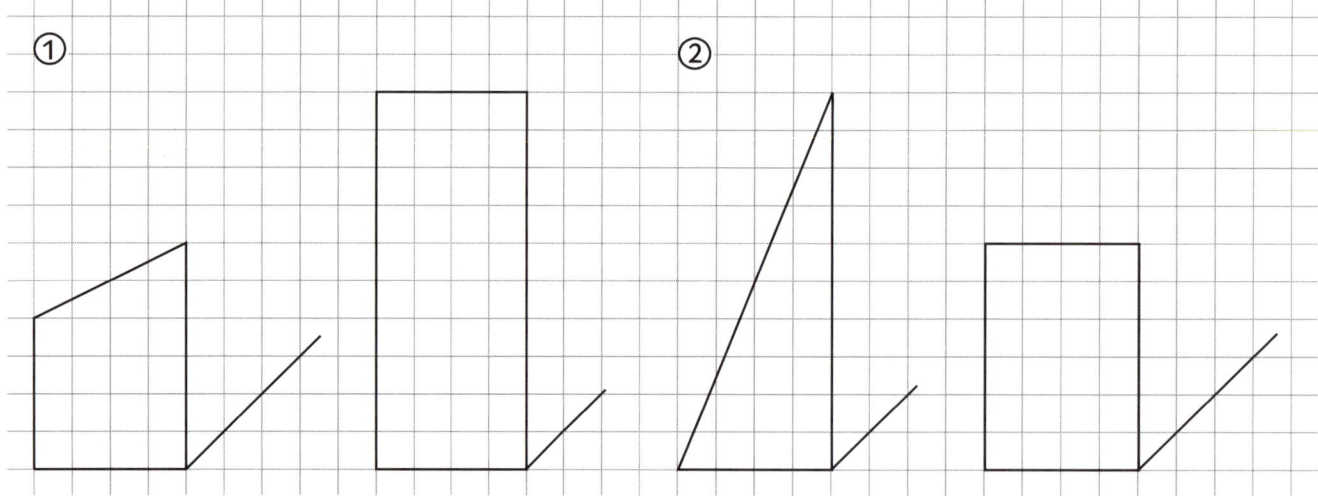

b) Zeichne daneben das Prisma so, dass die Grundfläche in der Zeichenebene liegt. Jetzt soll die vorher seitlich liegende Fläche nach vorne zeigen.

3 Kreuze die richtigen Aussagen an.

A) Schrägbilder sind gut geeignet, die Maße von Körpern abzulesen. ☐

B) Beim Zeichnen von Schrägbildern muss man oft Hilfslinien verwenden, welche senkrecht zur Zeichenebene verlaufen. ☐

C) Am einfachsten lassen sich Schrägbilder von Prismen zeichnen, wenn sie auf einem Mantelrechteck liegen. ☐

D) Mit Schrägbildern erhält man eine räumliche Vorstellung von Körpern. ☐

E) Alle senkrecht zur Zeichenebene verlaufenden Linien werden unter einem Winkel von 90° gezeichnet. ☐

F) Alle senkrecht zur Zeichenebene verlaufenden Strecken werden um die Hälfte gekürzt. ☐

Prisma. Volumen

1 a) Berechne das Volumen des Prismas.

Grundfläche A_G

= _____

Volumen V:

= _____

= _____

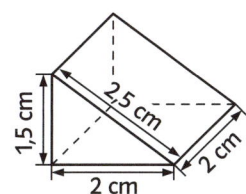

b) Berechne die Oberfläche des Prismas.

Grundfläche A_G = _____

Mantelfläche M = _____

_____

Oberfläche O = _____

2 Berechne Oberfläche und Volumen der abgebildeten Prismen.

a) 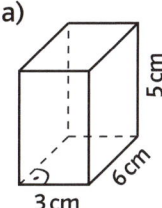   b) 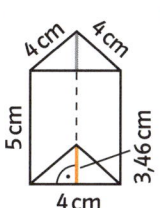   c)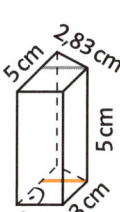

a) O = _____

V = _____

b) O = _____

V = _____

c) O = _____

V = _____

3 Berechne die Größe der Oberfläche und das Volumen eines Prismas, das 12 dm hoch ist und die abgebildete Grundfläche hat.

a)

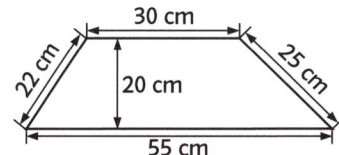

O = _____

V = _____

b)

O = _____

V = _____

4 a) Wie viel Wachs wird zum Gießen dieser Kerzen benötigt?

A

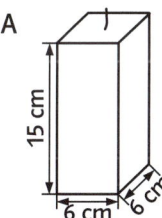

V = _____

_____

B

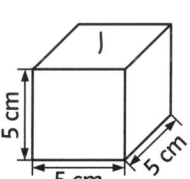

V = _____

_____

C

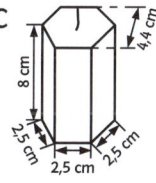

$A_G = \dfrac{6 \cdot A_{Dreieck}}{\rule{3cm}{0.4pt}} =$

= _____

= _____

V = _____

b) Die weißen Rohkerzen erhalten durch ein Tauchbad einen 0,5 mm dicken farbigen Wachsüberzug. Berechne die Oberfläche der Kerzen vor dem Eintauchen.

O = _____   O = _____   O = _____

_____   _____   _____

c) Wie viel Liter weißes und farbiges Wachs werden bei der Produktion von 1000 Würfelkerzen (B) verbraucht?

$V_{weißes\ Wachs}$ = _____

$V_{farbiges\ Wachs}$ = _____

> $1 l = 1 dm^3$
> $1 ml = 1 cm^3$

Zylinder. Oberfläche. Volumen

1 Von einem Kreiszylinder sind einige Werte gegeben. Berechne die fehlenden Werte.

	r	d	h	G	M	O	V
a)	3 cm		4 cm				
b)		14 cm	2 cm				
c)			6 cm		56,55 cm²		
d)			15 cm	314,16 cm²			4712,39 cm³
e)	12 cm			452,39 cm²			9047,79 cm³

2 Bei einer Großbaustelle wird die Betonsohle mit zylindrischen Pfählen gesichert, die über die gesamte Fläche eingebracht werden. Jeder der 204 Pfähle hat einen Durchmesser von 63,5 mm und eine Länge von 6 m.

a) Das Volumen eines Pfahls ist $V = \pi \cdot r^2 \cdot h$.

V ≈ _____ m³

b) Alle Pfähle haben ein Gesamtvolumen von V = _____ m³.

c) Ein gewöhnlicher Betonmischer kann mit einer Fuhre 8 m³ Beton transportieren. Zu Beginn der Arbeiten ist das Fahrzeug bereits zu 60 % leer. Reicht die Füllung, um alle Pfähle mit Beton zu füllen?

3 Eine zylinderförmige Ananasdose mit einem Inhalt von 580 ml hat einen Durchmesser von 8,5 cm.

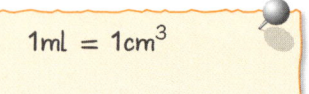

1ml = 1cm³

Klebefalz

Banderole

a) Berechne die Höhe und die Oberfläche der Dose.

V = _____   Formel nach h umstellen: _____

V = 580 ml = _____ cm³   h = _____

O = _____

b) Die Dose soll mit einer Banderole aus Papier umklebt werden. Der Klebefalz soll 1 cm betragen. Gib die Maße und die Fläche der Banderole an.

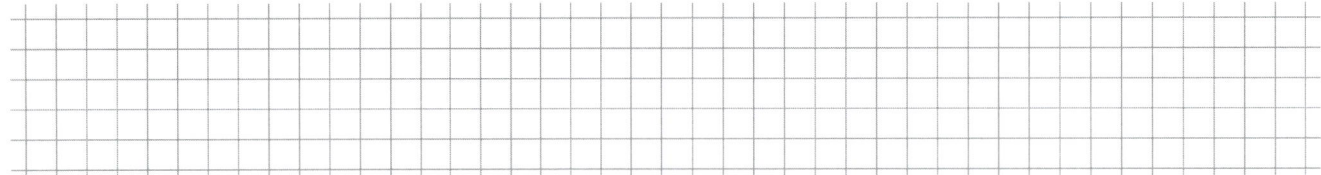

4 Ein Litermaß hat einen Innendurchmesser von 10 cm und eine Innenhöhe von 15 cm.

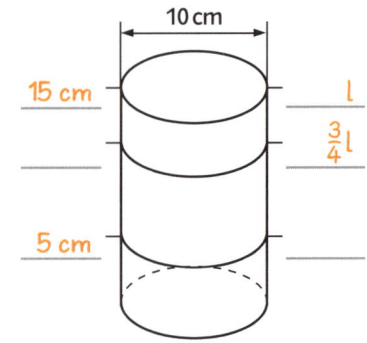

10 cm

15 cm

l

¾ l

5 cm

a) Wie viel Liter Wasser enthält das Litermaß, wenn man es bis zum Rand

füllt? _____

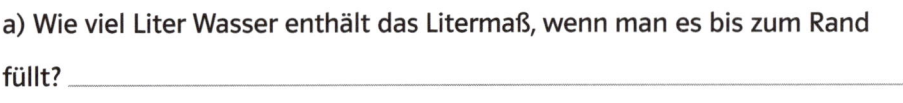

b) Wie hoch steht das Wasser bei den anderen Markierungen?

Wie viel Liter sind das? _____

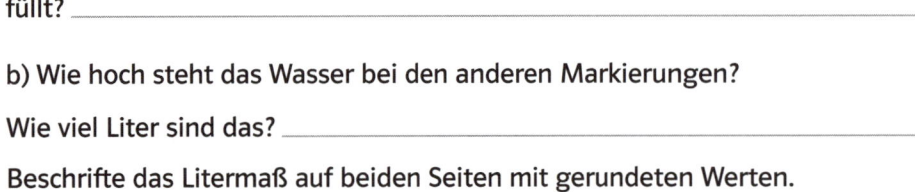

Beschrifte das Litermaß auf beiden Seiten mit gerundeten Werten.

1 Berechne Volumen und Oberfläche des ausgebohrten Quaders.

a) Der Quader hat das Volumen V = _____ .
Ein zylinderförmiges Loch hat das Volumen

V = _____ .
Also hat der durchlöcherte Quader ein Restvolumen von

_____ .

b) Berechne die Oberfläche des durchbohrten Quaders, indem du alle Teilflächen addierst.
Berücksichtige auch die innen liegenden Flächen.

O = 2 · _____ mm² + 2 · _____ mm² + 2 · (_____ mm² – 2 · _____ mm²) + 2 · _____ mm²

---

2 Familie Schulz möchte ein Waschbecken aus Granit an-
fertigen lassen. Es soll aus einer Platte bestehen, in die ein
Halbzylinder gefräst wird. Der Durchmesser des Halbzylinders
beträgt 30 cm.
a) Berechne das Volumen der Platte ohne die Ausfräsung.

V = _____

= _____

b) Berechne, wie viel Liter Wasser das Waschbecken fasst.

V = _____

c) Granit wiegt 2800 kg pro Kubikmeter. Wie schwer ist das Becken?

_____

_____

d) Wie schwer wäre das vollständig mit Wasser gefüllte Waschbecken?

---

3 Berechne das Volumen und die Oberfläche des Körpers (Maße in mm).

4 Ein Kabel von 12 mm Durchmesser und 2000 m Länge soll eine
Ummantelung aus Gummi von 1 mm Wandstärke erhalten.
a) Fertige eine Skizze vom Querschnitt an.
b) Wie viel Kilogramm Kunststoff werden gebraucht, wenn 1 cm³ des Materials
0,9 g wiegt?

_____

_____

Fülle die Lücken. Für jeden Buchstaben findest du einen Strich. Löse dann die Beispielaufgaben.

🟧 Prisma

Beim Prisma sind _ _ _ _ _ fläche und

_ _ _ _ fläche kongruente, das bedeutet

_ _ _ _ _ _ _ _ _ _ _ _ _ Vielecke.

Die Mantelfläche besteht aus

_ _ _ _ _ _ _ _ _ .

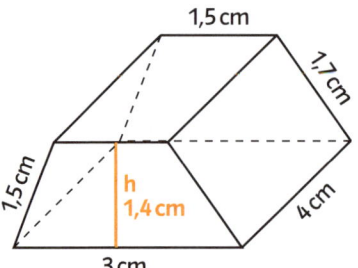

Betrachte das Prisma.
- 🟧 Färbe alle Kanten des Umfangs der Grundfläche in einer Farbe ein.
- 🟧 Färbe die Körperhöhe mit einer anderen Farbe.
- 🟧 Es handelt sich um ein

_ _ _ _ _ _ _ _ _ _ _ .

🟧 Oberfläche eines Prismas

Die Oberfläche eines Prismas ist die _ _ _ _ _ aus der doppelten Grundfläche G und der Mantelfläche M.

O = _ _ _ _ _ _ _

Die Mantelfläche ist das _ _ _ _ _ _ _ aus dem Umfang u und der Körperhöhe h.

M = _ _ _ _ _

🟧 Berechne die Oberfläche des Trapezprismas.

Umfang u_G = _ _ _ _ _ _ cm

Mantelfläche M = _ _ _ _ _ _ cm^2

Grundfläche G = _ _ _ _ _ _ cm^2

Oberfläche O = _ _ _ _ _ _ cm^2

🟧 Volumen eines Prismas

Das Volumen eines Prismas berechnet sich aus dem _ _ _ _ _ _ _ _ aus Grundfläche G und Körperhöhe h.

V = _ _ _ _ _

🟧 Berechne das Volumen des oben abgebildeten Prismas.

V = _ _ _ _ _ _ cm^2 · _ _ _ _ _ _ cm

  = _ _ _ _ _ _ cm^3

🟧 Zusammengesetzte Körper

Bei zusammengesetzten Körpern muss man für die Volumenberechnung die einzelnen Volumen

der Teilkörper _ _ _ _ _ _ _ _ .

V = V_1 + V_2
Die Berechnung der Oberfläche erfolgt durch

geschickte Addition der einzelnen _ _ _ _ _ _ _ .

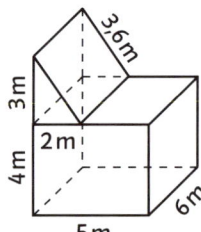

🟧 Berechne den Körper.
Quader:

O = _ _ _ _ _ _ m^2 V = _ _ _ _ _ _ m^3
Dreiecksprisma:

O = _ _ _ _ _ _ m^2 V = _ _ _ _ _ _ m^3
Zusammengesetzter Körper:

O = _ _ _ _ _ _ m^2 V = _ _ _ _ _ _ m^3

🟧 Oberfläche eines Zylinders

Die Mantelfläche M des Zylinders berechnet sich aus

dem _ _ _ _ _ _ _ des Kreisumfangs der Grundfläche G und der Zylinderhöhe h.
M = u · h = 2 · π · r · h
Die Grundfläche ist ein Kreis: G = π · r^2

Die _ _ _ _ _ _ _ _ _ _ eines Zylinders setzt sich aus der Mantelfläche M und dem Doppelten der Grundfläche G zusammen.
O = 2 · G + M = 2 · π r^2 + 2 · π · r · h = 2 · π · r · (r + h)

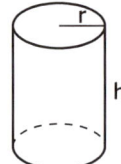

🟧 Berechne die Oberfläche des Zylinders.

r = 4 cm   h = 10 cm

M = _ _ _ _ _ _ _ cm^2

G = _ _ _ _ _ _ _ cm^2

O = _ _ _ _ _ _ _ cm^2

🟧 Volumen eines Zylinders

Das Volumen V eines Zylinders berechnet man mit dem Produkt aus der Grundfläche G und der Höhe h.

V = G · h = _ _ _ _ _ _ _ _ _ _

🟧 Berechne das Volumen des Zylinders.
r = 4 cm   h = 10 cm

V = _ _ _ _ _ _ _ _ cm^3

Funktionen

1 Welcher Graph stellt eine Funktion dar? Kreise die Buchstaben der Funktionsgraphen ein.

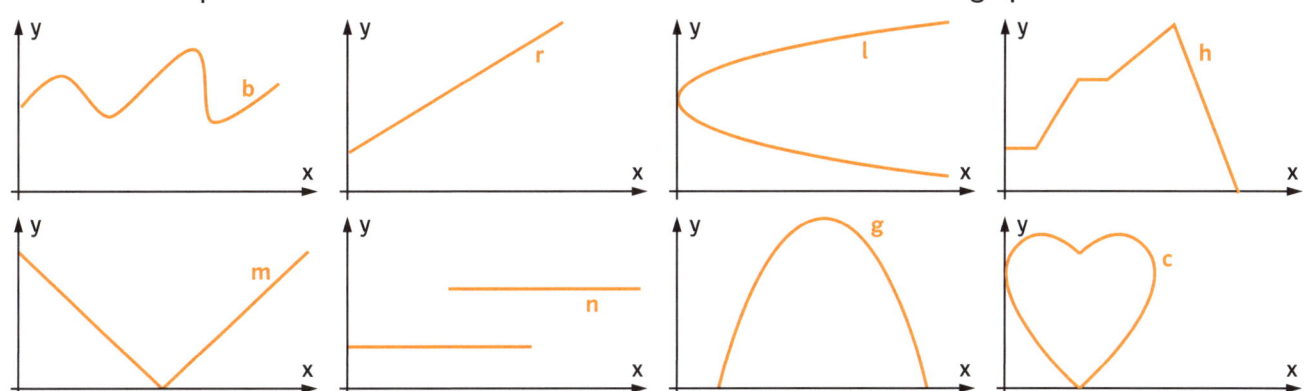

Die Buchstaben der Funktionsgraphen ergeben – umsortiert und mit zwei Vokalen ergänzt – eine deutsche

Großstadt: _____

2 Jan lässt in der Küche 60 °C heißes Wasser abkühlen und misst alle zehn Minuten die Temperatur.

Zeit (in min)	0	10	20	30	40	50	60
Temp. (in °C)	60	52	45	41	37	34	32

a) Zeichne die Temperaturkurve.

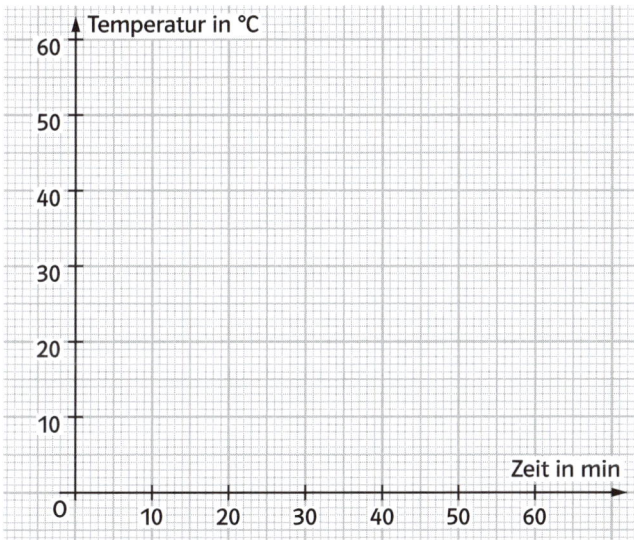

b) Liegt eine Funktion vor? Begründe. _____

_____

_____

c) Beschreibe, wie sich die Temperatur des Wassers in der nächsten Stunde weiterentwickeln wird.

_____

_____

_____

3 Ist die Zuordnung eine Funktion?

Eingabegröße	Ausgabegröße	Ja	Nein
a) Klassenlehrer	Schuhgröße	○	○
b) Schuhgröße	Lehrer	○	○
c) Auto	Autokennzeichen	○	○
d) Autokennzeichen	Auto	○	○
e) Körpergewicht	Körpergröße	○	○

4 Rechenvorschrift: Jeder Zahl x wird ihr Dreifaches vermindert um 1 zugeordnet.

a) Gib einen Term für die Berechnung von y an.

y = _____

b) Vervollständige die Wertetabelle.

Eingabegröße x	Ausgabegröße y
−3	− 10
−2	
−1	
0	
1	
2	
3	

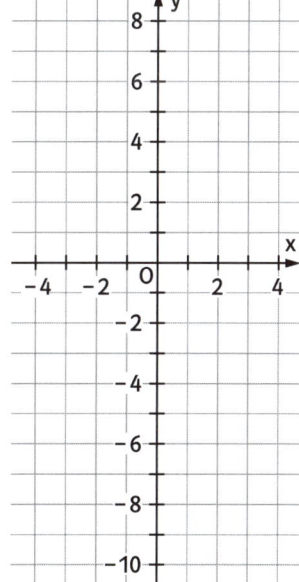

c) Erstelle im Koordinatensystem das Schaubild.

Proportionale Funktionen

1 Zeichne folgende proportionale Funktionen mithilfe des Steigungsdreiecks in das Koordinatensystem ein.

a) $f(x) = \frac{1}{2}x$ b) $f(x) = -x$

c) $f(x) = -6x$ d) $f(x) = 0,6x$

e) $f(x) = -\frac{4}{7}x$ f) $f(x) = 2,5x$

g) Der Graph der Funktion _____ ist am steilsten.

h) Der Graph der Funktion _____ ist am flachsten.

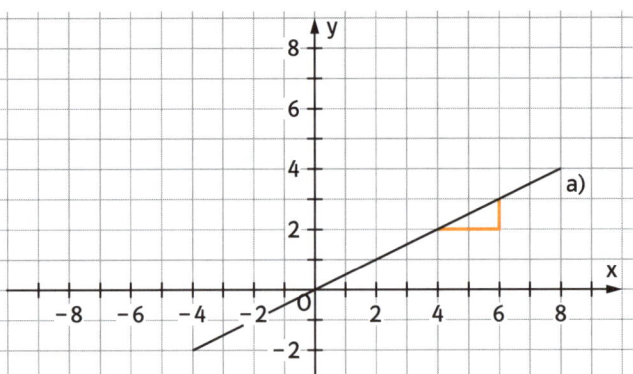

2 Notiere die den Graphen a) bis f) entsprechenden Funktionen. Zeichne ein mögliches Steigungsdreieck an jede Gerade.

a) $f(x) =$ _____   b) $f(x) =$ _____

c) $f(x) =$ _____   d) $f(x) =$ _____

e) $f(x) =$ _____   f) $f(x) =$ _____

g) Die Steigung der Funktion _____ ist am größten.

h) Die Steigung der Funktion _____ ist am kleinsten.

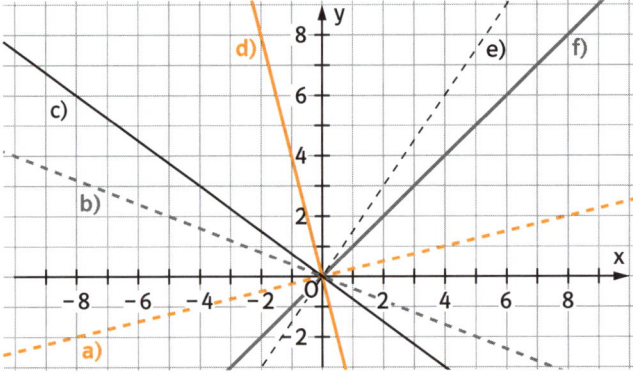

3 Der Graph geht durch den Ursprung. Beide Punkte liegen auf einer Geraden. Zeichne den Graphen und ergänze die Lücken.

a) $P(2\,|\,2)$ $Q(-4\,|$ _____ $)$ $f(x) =$ _____

b) $P(4\,|\,1,5)$ $Q($ _____ $|-3)$ $f(x) =$ _____

c) $P(3\,|-4)$ $Q($ _____ $|6)$ $f(x) =$ _____

d) $P($ _____ $|3)$ $Q(1\,|-6)$ $f(x) =$ _____

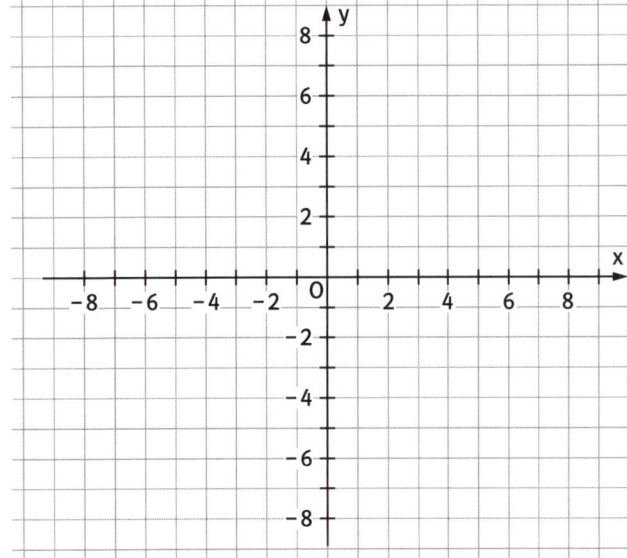

4 Stelle, sofern es sich um eine Funktion handelt, zuerst die Gleichung auf und berechne anschließend die Lösung.

a) Ein Liter Dieselkraftstoff kostet 1,479 €.

$f(x) =$ _____   47,25 l kosten _____ €.

b) Ein Geschäft bietet Butter für 1,09 € pro 250 g an.

$f(x) =$ _____   2 kg Butter kosten _____ €.

c) Thore ist ein Jahr alt und wiegt 6,5 kg.

$f(x) =$ _____   Mit sechs Jahren wiegt

er _____ kg.

d) Ein Kilogramm Bananen kostet 1,89 €.

$f(x) =$ _____   Eine Banane (457 g) kostet

_____ €.

e) Auf dem Markt werden zehn Bio-Eier für 2,10 € angeboten.

$f(x) =$ _____

Für sechs Eier muss man

_____ € bezahlen.

Wie viel koste ich?

Lineare Funktionen (1)

1 Welcher Graph gehört zu welcher linearen Funktionsgleichung?

Beispiel: Setzt man in die Funktionsgleichung
$f(x) = 2x + 6$ für x den Wert 0 ein, so erhält man als zugehörigen

Funktionswert _____, also liegt der Punkt (____ | ____)

auf dem Graphen der linearen Funktion $f(x) = 2x + 6$. Der einzige Graph, der durch diesen Punkt läuft, ist c). Notiere die zugehörigen Graphen.

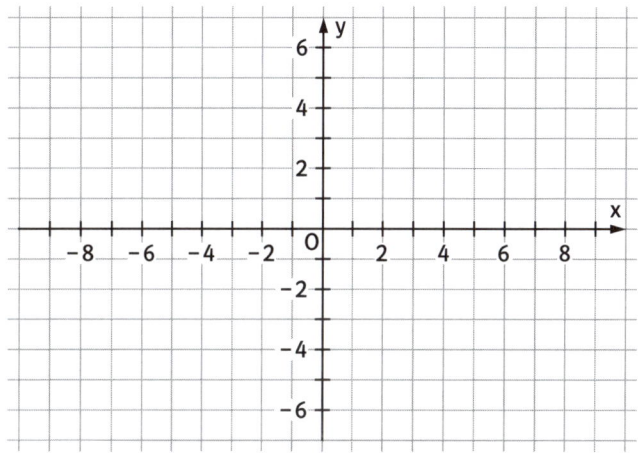

c)	$f(x) = 2x + 6$	_____	$f(x) = -5x - 2$
_____	$f(x) = 3x - 11$	_____	$f(x) = \frac{1}{2}x + 2$
_____	$f(x) = -\frac{2}{3}x + 3$	_____	$f(x) = 0x - 5$

2 Gib die Funktionsgleichung zu jedem Graphen an.

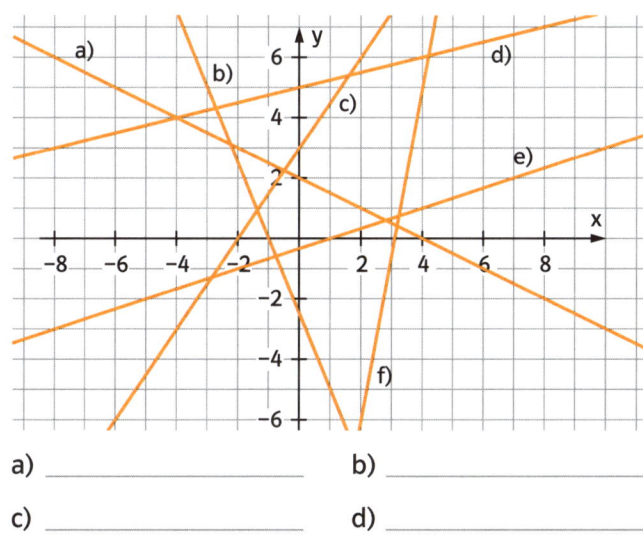

a) _____   b) _____

c) _____   d) _____

e) _____   f) _____

3 Zeichne den Graphen der linearen Funktion in das Koordinatensystem ein.

a) $f(x) = 6x - 3$ $f(x) = -1{,}6x + 2$

c) $f(x) = \frac{5}{6}x - 5$ $f(x) = 0 \cdot x + 4{,}5$

4 Linus möchte sich einen neuen MP3-Player kaufen. In seinem Sparstrumpf hat er bereits 20 €. Damit er nicht mehr so lange warten muss, spart er nun jede Woche sein ganzes Taschengeld in Höhe von 5 €.

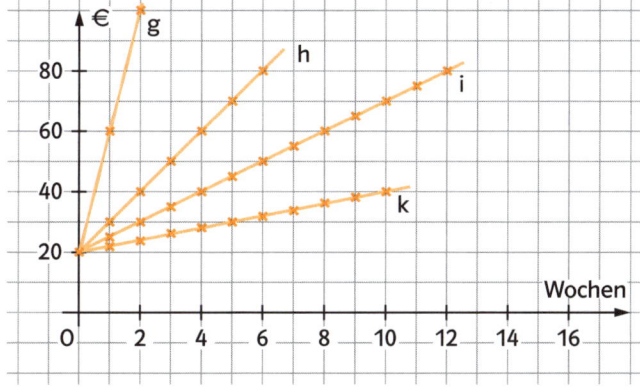

a) Aus welchem Graphen lassen sich Linus' Ersparnisse in Abhängigkeit der Spardauer ablesen?

Aus Graph _____.

b) Er kann den MP3-Player für 65 € nach _____

Wochen oder das Modell zu 79 € nach _____ Wochen

kaufen.

c) Die Funktionsgleichung, die den Graphen der

linearen Funktion beschreibt, lautet $f(x) = $ _____.

d) Notiere die Funktionsgleichungen der anderen drei Graphen.

Graph ____: $f(x) = $ _____   Graph ____: $f(x) = $ _____   Graph ____: $f(x) = $ _____

1 Leon, der Sohn der Familie Ochs, will für den Umzug in seine erste eigene Wohnung einen Kleintransporter ausleihen. Für den Kleintransporter

wird eine Grundgebühr von _____ € pro Tag verlangt sowie pro gefahrenem Kilometer nochmals

_____ €.

LEIHGEBÜHREN:
- Kleintransporter pro Tag: **60,– €**
- Kosten pro km: **0,20 €**
- Anhänger pro Tag: **40,– €**

a) Die Funktion zur Berechnung der Kosten in Abhängigkeit der gefahrenen Kilometer lautet:

y = _____ .

b) Berechne und fülle die Tabelle aus.

Strecke in km	0	100	250	300	400
Kosten in €	60				

c) Zeichne den Graphen dieser linearen Funktion in das Koordinatensystem ein.

d) Da Leon zweimal fahren muss, um alles in die neue Wohnung zu bringen, betragen die Leihkosten

für die Strecke von 270 km insgesamt _____ €.

e) Leon überlegt nun, ob er zu dem Kleintransporter noch einen Anhänger leihen sollte, da er dann die Strecke nur einmal fahren müsste. Für einen

Anhänger wird eine Gebühr von _____ € pro Tag erhoben.
Die neue Funktion zur Berechnung der Kosten in Abhängigkeit der gefahrenen Kilometer lautet

y = _____ .

f) Berechne und fülle die Tabelle für diese neue lineare Zuordnung aus.

g) Zeichne das Schaubild dieser neuen linearen Zuordnung in das Koordinatensystem ein.

Kosten in €

Strecke in km	0	100	200	350	400
Kosten in €	100				

h) Der Graph der neuen Funktion ist ein um _____ in y-Richtung _____ Graph der alten Funktion.

i) Wenn Leon mit einem Anhänger nur einmal fahren muss, um alles in seine neue Wohnung zu bringen,

betragen die Leihkosten für die Strecke von _____ km insgesamt _____ €.

j) Kreuze an. Der Umzug mit einem Anhänger ist für Leon finanziell die ☐ schlechtere ☐ bessere Alternative.

k) Leon spart durch die Benutzung des Anhängers auch die Spritkosten für eine Tour. Diese Ersparnis beträgt

bei einem Verbrauch von 12 l Diesel pro 100 km und einem Preis von 1,35 € pro Liter _____ €.

l) Nun wäre für Leon der Umzug mit einem Anhänger die finanziell ☐ schlechtere ☐ bessere Alternative.

m) Bei gleicher Grundgebühr und einer Kostenpauschale von 10 ct pro Kilometer wäre der Umzug mit einem Anhänger für Leon finanziell die ☐ schlechtere ☐ bessere Alternative.

n) Durch die Benutzung eines Anhängers spart Leon drei Stunden Fahrt, in denen er bereits seine Wohnung einrichten kann.
Unter Einbeziehung des Zeitfaktors ist es mit Anhänger die ☐ schlechtere ☐ bessere Alternative.

Modellieren mit Funktionen

1 Aufgabe: Zwei Freunde machen mit dem Roller einen Ausflug. Im Augenblick sind sie an einem Aussichtsturm 42 km von zu Hause entfernt. Noch sind sie sechs Stunden von ihrem Ziel, einem Bergsee, entfernt. Der Roller fährt in drei Stunden 63 km. Wie viele Stunden müssen sie noch fahren, um gleich weit vom See und von ihrem Zuhause entfernt zu sein.
Die Aufgabe wurde in vier Schritten gelöst. Finde in den vier Kästen jeweils die für die Lösung wichtigen Informationen heraus. Markiere sie. Wenn du alle Zahlen neben relevanten Aussagen addierst, erhältst du 304.

Reale Welt

Realsituation

Welche Aussagen bzw. Fragestellungen brauchen wir zum Lösen der Aufgabe?

3   Der Roller ist nicht verkehrssicher.
5   Wie lang ist die Gesamtstrecke?

7   1 Stunde = _____ Minuten
11 Der Roller hat zwei Räder.
13 Pro Stunde legt der Roller rund 21 km zurück.
17 Wie viele Stunden brauchen sie insgesamt?
19 Der See liegt in einem Tal.

Reale Ergebnisse
Welches Resultat bzw. welche Aussage stellt die Lösung der Aufgabe dar?

61 Sie müssen noch vier Stunden fahren.
67 Nach weiteren 84 km sind sie am Bergsee.
71 Nach weiteren vier Std. ist der Roller am See.
73 Sie sind noch 126 km vom Ziel entfernt.
79 Sie müssen noch 42 km fahren.
83 Sie müssen noch zwei Stunden fahren.
87 Die Mitte der Gesamtstrecke liegt bei 84 km.

Mathematik

Mathematisches Modell

23 Die Gesamtstrecke beträgt 24 · 6 + 21 km.
29 Man wählt x für die Fahrzeit ab dem Aussichtsturm.
31 Die Hälfte der Gesamtstrecke beträgt 21 · 6 + 42 : 2 km.
37 Man wählt y für die Entfernung von zu Hause.
41 Die Gesamtstrecke beträgt 168 km.
43 Funktion: f (x) = 21 x + 42
47 Funktion: f (x) = 21 x − 42

Mathematische Ergebnisse

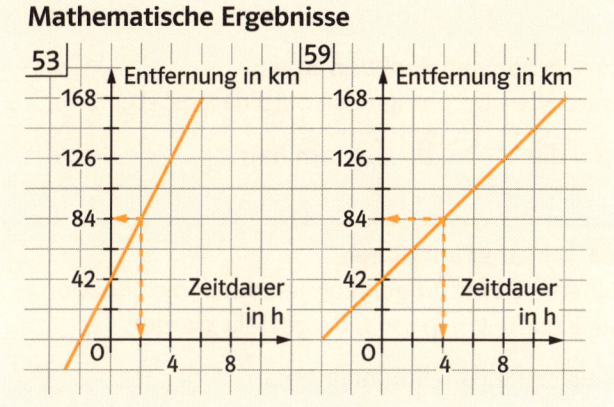

2 Ordne die Karten A bis H in richtiger Reihenfolge den Aufgaben a) und b) zu. Zwei Karten bleiben übrig.
a) Ein zum Drittel gefüllter Haustank (Fassungsvermögen 7500 l) einer Heizungsanlage wird mit Öl befüllt. Die Pumpe des Tankwagens schafft in einer Minute 400 l. Nach welcher Zeit ist der Tank voll?
b) Wegen einer Reparatur muss der zu 60 % befüllte Feuerwehrtankwagen (Ladevolumen: 16 000 l) entleert werden. In einer Viertelstunde laufen 6000 l ab. Nach welcher Zeit ist der Tank leer?

Reihenfolge: _____   Reihenfolge: _____

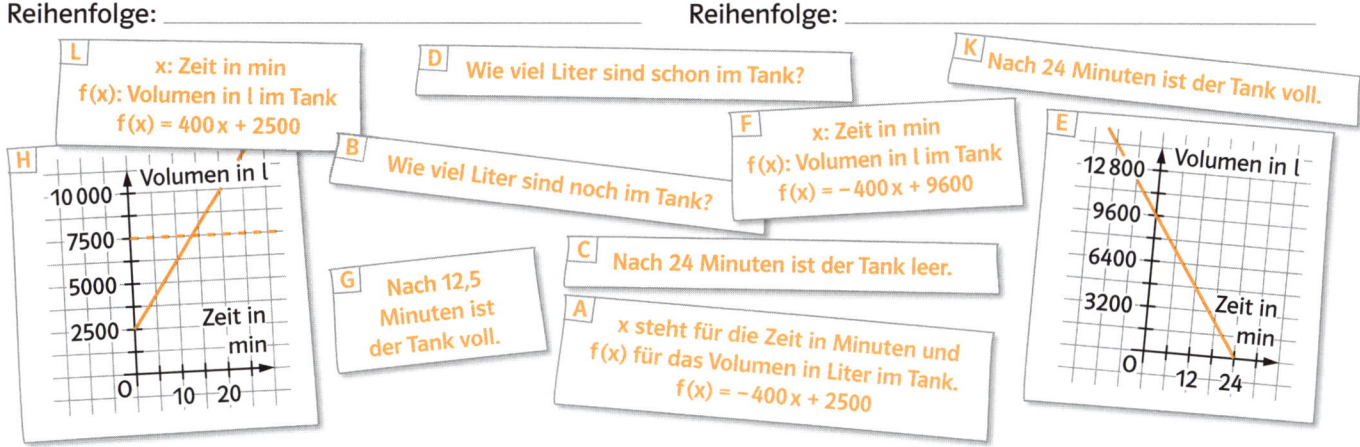

Fülle die Lücken. Für jeden Buchstaben findest du einen Strich. Löse dann die Beispielaufgaben.

■ Funktion

Eine Funktion ist eine Zuordnung, die jedem Wert

des Definitionsbereichs D _ _ _ _ _ einen Wert
des Wertebereichs W zuordnet.
Die Zuordnung einer Funktion kann man in Form

einer _ _ _ _ _ _ _ _ _ _ _ _ _ , eines _ _ _ _ _ _ _

oder einer _ _ _ _ _ _ _ _ _ _ _ _ _ _ _ _ _ _
darstellen.

■ Fülle die Wertetabelle aus.
$y = 0{,}5\,x + 0{,}5$

x	−2	−1	0	1	2
y					

Zeichne den
Graphen zur
Funktions-
gleichung.

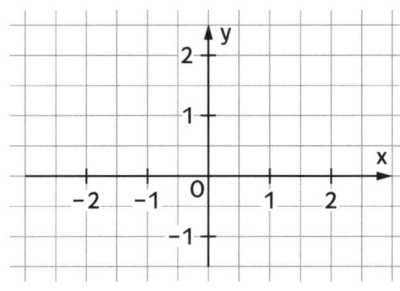

■ Proportionale Funktionen

Proportionale Zuordnungen können durch die
Funktionsgleichung $y = m\,x$ dargestellt werden.
Solch eine Funktion nennt man

_ _ _ _ _ _ _ _ _ _ _ _ _ Funktion. Der Graph einer

proportionalen Funktion ist eine _ _ _ _ _ _ _ , die
durch den Ursprung des Koordinatensystems verläuft

und die _ _ _ _ _ _ _ _ m hat.

■ Fülle die Lücken aus.

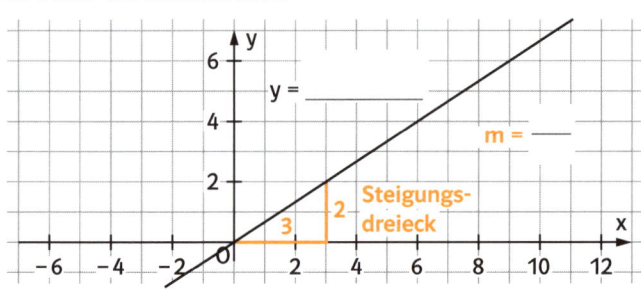

■ Lineare Funktionen

Lineare Zuordnungen können durch die Funktionsgleichung $y = m\,x + b$ dargestellt werden.

Solch eine Funktion nennt man _ _ _ _ _ _ _
Funktion.
Der Graph einer linearen Funktion ist eine Gerade
durch den Punkt $P(0\,|\,b)$ und mit der Steigung m.

Der Punkt P liegt auf der _ - _ _ _ _ _ an der
Stelle b.
Der Wert b wird als y-Achsenabschnitt der Geraden
bezeichnet.

■ Fülle alle Lücken aus.

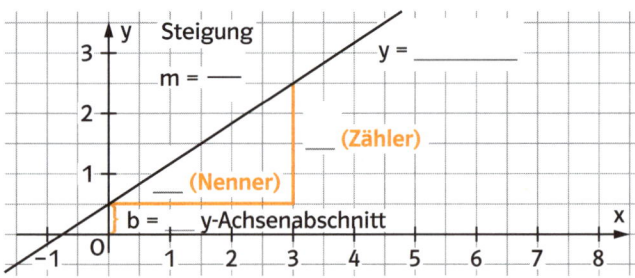

■ Modellieren

Ein Problem in der Realität kann in vier Schritten
mathematisch bearbeitet werden. Zuerst müssen die
vorliegenden Angaben mithilfe von Variablen und
Gleichungen übersetzt werden (Modell = Nachbau in
der Sprache der Mathematik). Nun kann das Problem
berechnet und gelöst werden. Die Bedeutung der
Ergebnisse für die Realität muss dann bestimmt und
abschließend bewertet werden.
Was bedeutet das? Erscheint das Ergebnis sinnvoll?

■ Vervollständige die schematische Darstellung des
mathematischen Modellierens.

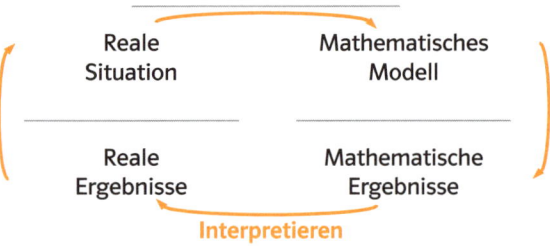

1 Drücke die Fläche der Figur als Produkt und als Summe aus.

a)   b)   c)   d)

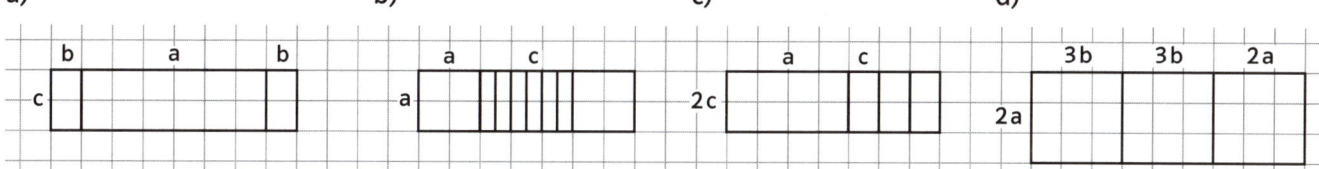

Produkt: _____   Produkt: _____   Produkt: _____   Produkt: _____

Summe: _____   Summe: _____   Summe: _____   Summe: _____

2 Fülle die Lücken.

$(a + b)^2$	a^2	b^2	$2ab$	$a^2 + 2ab + b^2$
$(p + 3q)^2$	p^2		$6pq$	
$(2mn + 5n)^2$				
$(-2x - 5y)^2$				
$\left(\frac{1}{2}n + \frac{1}{4}z\right)^2$				

3 Bestimme die Größe des Grundstückes. Berechne den Preis, wenn das Grundstück pro Quadratmeter 135 € kostet.

_____

_____

_____

_____

_____

4 Stelle den Term auf. Benutze die Variable x. Löse die Gleichung.

Text	Term	Lösung
a) Das Vierfache einer Zahl ist 124.		
b) Das Produkt der Zahl und 14 ist 70.		
c) Der Quotient aus der Zahl und 12 ist 144.		
d) 40 % der Zahl sind 600.		
e) Das Produkt aus dem Dreifachen der Zahl und −2 ist 120.		
f) Addiere zum vierten Teil der Zahl 20. Multipliziere das Ergebnis mit 15 und du erhältst 360.		
g) Multipliziere die Summe aus der Zahl und 12 mit der Differenz aus 19 und vier, und du erhältst 345.		
h) Subtrahiere von der Hälfte einer Zahl ein Drittel der Zahl, dann erhältst du 10.		

5 Tine und Mia wollen Drachen mit den angegebenen Maßen bauen. Welcher Drachen hat die größere Fläche?

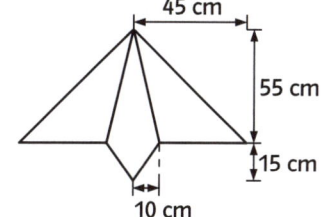 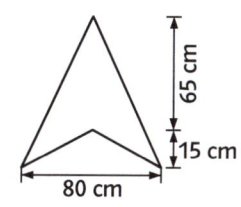

Tines Drachen   Mias Drachen

$A_{\text{Tine}} = $ _____

$A_{\text{Mia}} = $ _____

Antwort: _____

6 a) Zeichne einen Drachen ABCD mit einer 3 cm langen Symmetrieachse $\overline{BD}$ und den Eckpunkten A (3 | 1); B (1,5 | 1,5); C (0 | 1) und

D (___ | ___).

b) Ergänze ABD zu einem Parallelogramm ABDE.

E (___ | ___)

c) Mit F (___ | ___) wird ABDF ein symmetrisches Trapez.

d) Wo muss G liegen, damit das Viereck ABCG eine Raute ist? G (___ | ___)

7 Berechne jeweils die fehlende Größe.

a) Grundwert: 800 m², wird vermehrt um 6 %. Neuer Wert: _____ m²

b) Erhöhung um 5 %. Vor der Erhöhung liegt der Preis bei 500 €. Preis nach der Erhöhung: _____ €

c) Der Fernseher kostet 490 € und wird jetzt mit 10 % Rabatt angeboten. Er kostet damit _____ €.

d) Der Rabatt beträgt 5 %. Tobi spart damit 75 €. Alter Preis: _____ €, reduzierter Preis: _____ €

8 Bei Barzahlung seines Einkaufs darf Herr Lage von seinem Rechnungsbetrag 3 % Skonto abziehen. Er bezahlt nur noch 2910,00 €. Wie hoch war der Ursprungspreis? Wie viel hat er gespart?

2910,00 € entsprechen _____ %. Der Ursprungspreis betrug _____ €; Herr Lage hat _____ € gespart.

9 Berechne die fehlenden Werte.

	Kapital	Zinsen	Zinssatz	Zeit
a)	2000,00 €	12,50 €	5 %	_____ Tage
b)	17 000,00 €	_____ €	3,4 %	90 Tage
c)	8000,00 €	100,00 €	5 %	_____ Monate
d)	900,00 €	27,00 €	_____ %	180 Tage
e)	1250,00 €	_____ €	7 %	36 Tage
f)	_____ €	25,00 €	3 %	60 Tage
g)	550,00 €	2,75 €	_____ %	6 Monate
h)	_____ €	56,00 €	3,5 %	8 Monate

10 Mit dem Holzzylinder wird gewürfelt. Die Seite, die nach oben zeigt, ist das Ergebnis. Insgesamt wird mit dem Zylinder 100-mal gewürfelt. Fülle die Tabelle aus.

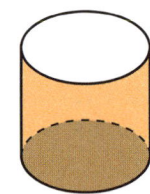

	Orange	Grau	Weiß
Häufigkeit	60	18	22
relative Häufigkeit			
geschätzte Wahrscheinlichkeit			

11 a) Schätze zuerst, welcher Container das größere Volumen hat. Container _____

b) Berechne die Volumina der Container, die beide 1,4 m breit sind.

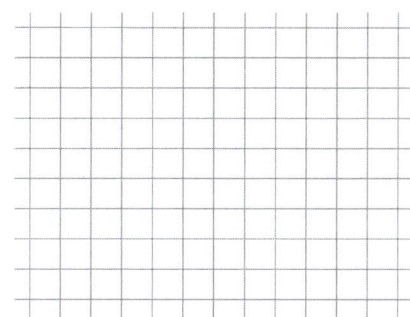
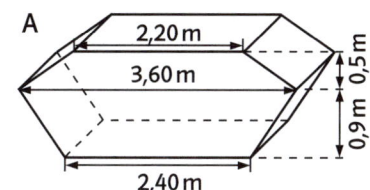
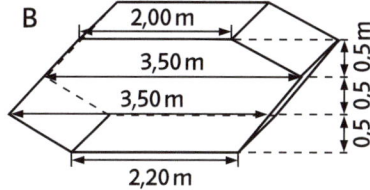

V_A = _____

V_B = _____

12 Ein 5 m langes Stahlrohr hat einen Außendurchmesser von 30 cm und eine Wandstärke von 2 cm.

a) Berechne das Fassungsvermögen des Stahlrohrs.

_____

_____

_____

b) Die gesamte Außenfläche des Rohrs soll gestrichen werden. Wie groß ist die zu streichende Fläche?

_____

_____

13 Welches Steigungsdreieck gehört zu welcher Funktion? Beschrifte die Dreiecke entsprechend.

a) $y = -\frac{1}{3}x$

b) $y = -2x$

c) $y = 3x$

d) $y = -\frac{3}{7}x$

e) $y = 0,75x$

f) $y = -2,5x$

g) $y = 1,5x$

h) $y = 0,6x$

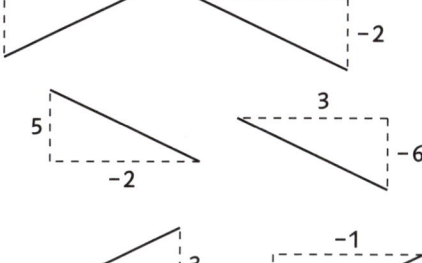
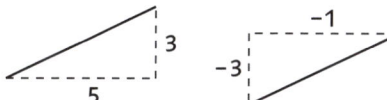

14 Zeichne den Graphen der linearen Funktion in das Koordinatensystem ein.

a) $y = 4x - 3$

b) $y = -1,8x + 5$

c) $y = \frac{5}{7}x - 6$

d) $y = 0x + 1,5$

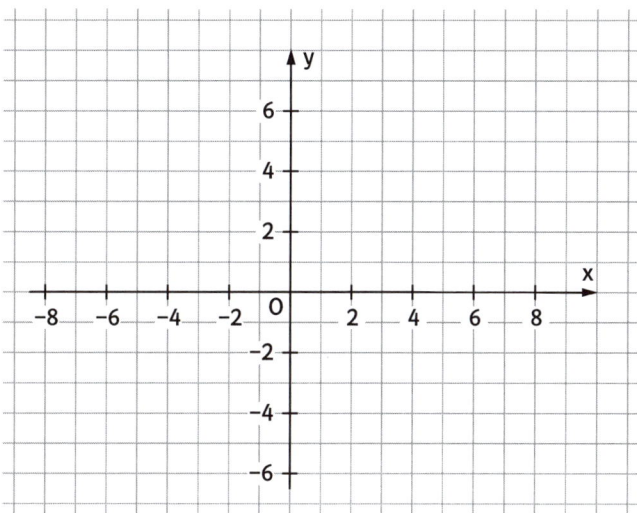

15 Gib die Funktionsgleichungen zu den Geraden an.

a) y = _____

b) y = _____

c) y = _____

d) y = _____

e) y = _____

f) y = _____

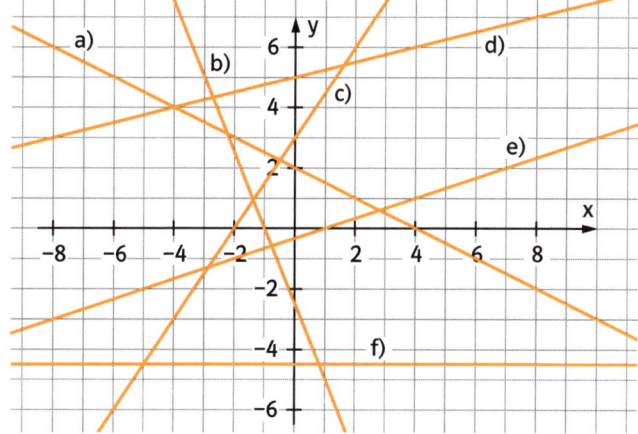

Register

Die Seitenangaben in Schwarz verweisen auf die Lerneinheit, die in Orange auf den Merkzettel.